高等学校理工科数学类规划教材

微课版

数理统计学
Mathematical Statistics
（第二版）

编著 王晓光

大连理工大学出版社

图书在版编目(CIP)数据

数理统计学 / 王晓光编著. -- 2版. -- 大连：大
连理工大学出版社，2023.2
高等学校理工科数学类规划教材
ISBN 978-7-5685-4033-9

Ⅰ. ①数… Ⅱ. ①王… Ⅲ. ①数理统计－高等学校－
教材 Ⅳ. ①O212

中国版本图书馆 CIP 数据核字(2022)第 240857 号

SHULI TONGJIXUE

大连理工大学出版社出版
地址：大连市软件园路 80 号 邮政编码：116023
发行：0411-84708842 邮购：0411-84708943 传真：0411-84701466
E-mail:dutp@dutp.cn URL:https://www.dutp.cn
大连图腾彩色印刷有限公司印刷 大连理工大学出版社发行

幅面尺寸：170mm×240mm 印张：11.75 字数：224 千字
2016 年 9 月第 1 版 2023 年 2 月第 2 版
2023 年 2 月第 1 次印刷

责任编辑：王晓历 责任校对：孙兴乐
封面设计：张 莹

ISBN 978-7-5685-4033-9 定 价：38.80 元

前言

数理统计学是以概率论为基础,研究带有随机性的数据,通过科学地收集和整理数据,运用数学模型与方法分析做出推断或预测,从而为决策和行动提供依据和建议的一门学科。数理统计学起源于人口统计、社会调查中的描述性统计方法。概率论的发展及工农业生产的需求,推动了这门学科的蓬勃发展。统计推断理论得以完善,数理统计学成为专注随机数据分析且应用广泛的一门学科。伴随计算机的普及,数理统计学在理论研究和应用上持续发展。目前,数理统计方法已渗透到诸多领域,应用到国民经济各个部门,成为科学研究不可缺少的数据分析工具。

数理统计学是数学与统计的交叉学科,一方面要求严谨的数理逻辑推导,另一方面要求面对实际统计问题,切实地提出有效的解决办法。数理统计从实际问题出发,以概率论为理论基础,根据随机数据特征确定统计模型,给出估计并判断模型是否合适,据此给出问题的解释和预测。数理统计是深入研究数据科学、大数据分析和人工智能的基础。

数理统计学是高等学校理工科学生的一门重要数学基础课。本教材可作为经济金融、生物医学、管理科学、工程技术等专业本科生和研究生的教材,还可供相关专业的学生、科研人员和统计工作者参考。为了使学生尽快掌握处理数据的思想和方法,学会用统计思想去看待科研问题,编者在编写本教材过程中力求做到如下四个方面:

(1)遴选数理统计学中重要的基础知识和应用广泛的使用方法。

(2)注意问题的实际背景,一方面强调统计方法的基本思想,另一方面从实际出发提出解决问题的方法。

(3)充分利用数学基础知识,阐明统计学的概念和原理,以利于日后科研工作的进行。

(4)设置必要的例题和习题,帮助读者体会数理统计学中的原理和使用方法。

本教材定位于内容充实、有一定特色、便于阅读、服务高校学生,是编者根据多年教学实践编写而成的。本教材力求由浅入深地介绍数理统计的知识体系和发展规律,从而使读者可以解决简单的数据分析问题,并在此基础上理解和掌握复杂多样的统计模型方法和理论。本教材首先回顾了概率论基础知识,在此基础上介绍了总体、样本和统计量等数理统计的基本概念,并将这些概念与概率论的基础知识联系起来,给出统计量与抽样分布的概念和实例;其次,叙述了数理统计的基础部分——统计推断(参数估计和假设检验);最后,介绍了统计中应用广泛的方差分析、回归分析和质量控制等实用统计方法及其原理。

本教材随文提供视频微课供学生即时扫描二维码进行观看,实现了教材的数字化、信息化、立体化,增强了学生学习的自主性与自由性,将课堂教学与课下学习紧密结合,力图为广大读者提供更为全面并且多样化的教材配套服务。

为响应教育部全面推进高等学校课程思政建设工作的要求,本教材融入思政元素,逐步培养学生正确的思政意识,树立肩负建设国家的重任,从而实现全员、全过程、全方位育人。学生树立爱国主义情感,能够更积极地学习科学知识,立志成为社会主义事业建设者和接班人。

本教材的出版得到了大连理工大学研究生教改基金项目和大连理工大学研究生精品课程建设项目的支持。本教材初稿完成后,承蒙鲁大伟、沈玉波、牛一和宋慧细心审阅,提出了中肯的建议。大连理工大学统计与金融研究所的多名研究生也为本教材付出了辛勤的汗水,在此一并表示感谢。

由于作者水平有限,缺点和不足之处在所难免,恳请广大读者对本书提出宝贵意见和建议,我们将做进一步改进。

编　者

2023 年 2 月

所有意见和建议请发往:dutpbk@163.com

欢迎访问高教数字化服务平台:https://www.dutp.cn/hep/

联系电话:0411-84708462　84708445

目录 Contents

第1章

概率论基础知识

数理统计的理论基础是概率论,因此本章首先回顾概率论的基础知识.

1.1　基本概念

基本概念
随机试验

1.1.1　随机试验与随机事件

定义 1.1　一个试验如果具有以下特征,我们就称该现象为一个随机试验(或随机现象):

(1) 该试验可在相同条件下重复地进行;

(2) 所有可能出现的结果是已知的;

(3) 试验之前不可预知哪个结果会出现.

以 $\Omega = \{\omega\}$ 表示随机试验的所有可能结果组成的集合,并称为随机试验对应的样本空间. Ω 中的元素称为样本点. 样本点就是可能的试验结果.

定义 1.2　一般地,我们将随机试验对应的样本空间 Ω 的子集称为随机试验的随机事件,简称事件.事件一般用 $A, B, C, \cdots$ 表示.

称 Ω 为必然事件,不含任何样本点的空集 $\varnothing$ 为不可能事件.

如果在随机试验中,属于某个事件 A 的样本点(可能结果)出现了,我们就称该事件发生了.随机事件是可能发生、也可能不发生的事件.比如,扔骰子出现的点数为 2,那么 $\{1,2,3\}$ 这个随机事件就发生了.

1.1.2 事件间的关系与运算

基本概念 样本
空间与随机事件

现实中遇到的事件往往很复杂,然而可以将复杂的事件"分解"成一些简单事件的组合. 由前面的定义,样本空间可以看作是全集,事件是其子集,因此就可以借用集合之间的关系和运算来描述事件之间的关系和运算.

1. 事件的包含与相等

若事件 A 的每一个样本点都包含在事件 B 中,则称事件 B 包含事件 A,记为 $A \subset B$ 或 $B \supset A$.

这时,若事件 A 发生必导致事件 B 发生.

若 $A \subset B$ 且 $B \subset A$,则称事件 A 与 B 相等,记为 $A = B$.

2. 和事件

设 A 与 B 为两个事件,称 $A \bigcup B$ 为 A 与 B 的和事件. $A \bigcup B$ 也记为 $A + B$.

$A \bigcup B$ 发生的充要条件为 A 与 B 至少有一个发生.

类似地,如果 $A_1, A_2, \cdots, A_n$ 为 n 个事件,那么 $\bigcup_{i=1}^{n} A_i$ 发生表示 $A_1, A_2, \cdots, A_n$ 中至少有一个发生.

3. 积事件

设 A 与 B 为两个事件,称 $A \bigcap B$ 为 A 与 B 的积事件. $A \bigcap B$ 经常写成 AB.

$A \bigcap B$ 发生的充要条件为 A 与 B 同时发生.

类似地,如果 $A_1, A_2, \cdots, A_n$ 为 n 个事件,那么 $\bigcap_{i=1}^{n} A_i$ 发生表示 $A_1, A_2, \cdots, A_n$ 同时发生.

4. 补事件

设 A 为一个事件,称 $\overline{A} = \Omega - A$ 为事件 A 的补事件,称 A 与 $\overline{A}$ 互补或互逆.

5. 差事件

设 A 与 B 为两个事件,称 $A - B$ 为 A 与 B 的差事件.

$A - B$ 发生的充要条件为 A 发生而 B 不发生. 注意: $A - B = A - AB = A\overline{B}$.

6. 互不相容

若 $AB = \varnothing$,称 A 与 B 互不相容或互斥.

另外,事件之间的运算与集合之间的运算一样,必须遵循如下原则:

(1) 交换律

$$A \cup B = B \cup A, \quad A \cap B = B \cap A;$$

(2) 结合律

$$A \cup (B \cup C) = (A \cup B) \cup C, \quad A \cap (B \cap C) = (A \cap B) \cap C;$$

(3) 分配律

$$B \cap (\bigcup_{i=1}^{n} A_i) = \bigcup_{i=1}^{n} (A_i B), \quad B \cup (\bigcap_{i=1}^{n} A_i) = \bigcap_{i=1}^{n} (A_i \cup B);$$

(4) De Morgan 法则

$$\overline{\bigcup_{i=1}^{n} A_i} = \bigcap_{i=1}^{n} \overline{A_i}, \quad \overline{\bigcap_{i=1}^{n} A_i} = \bigcup_{i=1}^{n} \overline{A_i}.$$

1.1.3　频率与概率

设 E 是一个随机试验, Ω 是它的样本空间, A 为 E 的一个事件. 将试验重复进行 n 次, 其中事件 A 发生了 n_A 次, 则称比值 $\dfrac{n_A}{n}$ 为 A 发生的频率, 记作 $f_n(A) = \dfrac{n_A}{n}$. "频率"的大小反映了事件 A 在试验中

基本概念
频率与概率

发生的频繁程度. 例如诗句"清明时节雨纷纷"是我国古人对于清明节期间下中小雨频率较高的生动描述.

一个事件 A 的概率 $P(A)$ 可以用频率的极限来定义, 称为概率的统计学定义. 但在实际问题中, 我们不可能对每一个事件都进行大量的试验. 为了理论分析与实际应用的需要, 可以从频率的定义和性质出发, 给出概率的公理化定义.

定义 1.3　设 Ω 为随机试验的样本空间, 对于任意事件 $A \subset \Omega$, 若有一个实数 $P(A)$ 与之对应, 且满足:

(1) 非负性

$$P(A) \geqslant 0;$$

(2) 归一性

$$P(\Omega) = 1;$$

(3) 可列可加性　设 $A_1, A_2, \cdots$ 是一列两两互不相容的事件, 则有

$$P(\bigcup_{i=1}^{\infty} A_i) = \sum_{i=1}^{\infty} P(A_i),$$

则称 $P(A)$ 为事件 A 的概率.

从定义 1.3 中可以看出,所谓概率 P,是一个集合函数,它将 Ω 的一个子集(事件)A 映成一个实数 $P(A)$,但要满足一定的条件.注意,只有事件才能有概率.

由概率公理化定义的三个条件,可以得到概率如下的性质:

(1) $P(\varnothing) = 0$;

(2) 有限可加性:

设 $A_1, A_2, \cdots, A_n$ 是 n 个两两互不相容的事件,则有

$$P(\bigcup_{i=1}^{n} A_i) = \sum_{i=1}^{n} P(A_i);$$

(3) 如果 $A \subset B$,则 $P(A) \leqslant P(B)$;

(4) $P(A) + P(\overline{A}) = 1$;

(5) 减法公式:

$$P(A - B) = P(A\overline{B}) = P(A) - P(AB);$$

(6) 加法公式:

$$P(A \bigcup B) = P(A) + P(B) - P(AB).$$

1.1.4 条件概率的定义

实践中,常常要考虑另一类概率,即在"已知事件 B 发生"的条件下,事件 A 发生的概率,此类概率称为条件概率,记为 $P(A \mid B)$. 一般情况下,$P(A)$ 与 $P(A \mid B)$ 是不相同的.

在已知事件 B 发生的条件下,事件 A 发生的概率称为条件概率,其定义如下:

定义 1.4 设 A 与 B 为两个事件,且 $P(B) > 0$. 在"已知事件 B 发生"的条件下,事件 A 发生的条件概率 $P(A \mid B)$ 定义为

$$P(A \mid B) = \frac{P(AB)}{P(B)}.$$

条件概率仍为概率,满足下列性质:

(1) 非负性

对任意事件 A,有 $P(A \mid B) \geqslant 0$;

(2) 归一性

$$P(\Omega \mid B) = 1;$$

（3）可列可加性

对任意的一列两两互不相容的事件 $A_n (n = 1, 2, \cdots)$，有

$$P(\bigcup_{n=1}^{\infty} A_n \mid B) = \sum_{n=1}^{\infty} P(A_n \mid B).$$

1.1.5　乘法公式

如果 $P(A) > 0, P(B) > 0$，根据条件概率的定义可得：

$$P(AB) = P(A)P(B \mid A),$$

$$P(AB) = P(B)P(A \mid B).$$

以上两式均称为概率的乘法公式. 重复应用可以得到对多个事件的乘法公式：

$$P(A_1 A_2 \cdots A_n) = P(A_1)P(A_2 \mid A_1)P(A_3 \mid A_1 A_2) \cdots P(A_n \mid A_1 A_2 \cdots A_{n-1}),$$

其中 $P(A_1 A_2 \cdots A_{n-1}) > 0$.

1.1.6　全概率公式与贝叶斯公式

定义 1.5　设 $A_1, A_2, \cdots, A_n$ 为一组事件，如果

（1）$A_i A_j = \varnothing, \forall i \neq j$；

（2）$\bigcup_{i=1}^{n} A_i = \Omega$.

则称 $A_1, A_2, \cdots, A_n$ 为 Ω 的一个划分（分割，完备事件组）.

组成一个划分的事件可以是有限个，也可以是可数多个.

定理 1.1（全概率公式）　设 $A_1, A_2, \cdots, A_n$ 为 Ω 的一个划分，则对任意的事件 B，有

$$P(B) = \sum_{i=1}^{n} P(A_i)P(B \mid A_i).$$

如果划分为 $A_1, A_2, \cdots$，则

$$P(B) = \sum_{i=1}^{\infty} P(A_i)P(B \mid A_i).$$

使用全概率公式时大致具有以下特征：

（1）随机试验可以分为两个相互影响的阶段；

（2）第一阶段的所有可能结果的概率已知；

(3) 所求概率为第二阶段的结果的概率.

定理 1.2(贝叶斯公式) 设 $A_1, A_2, \cdots, A_n$ 是 Ω 的一个划分,如果 $P(A_k) > 0$ $(k = 1, 2, \cdots, n)$,则对任意事件 B,只要 $P(B) > 0$,就有

$$P(A_k \mid B) = \frac{P(A_k)P(B \mid A_k)}{\sum\limits_{i=1}^{n} P(A_i)P(B \mid A_i)}.$$

1.1.7 事件的相互独立性

前面曾讲到乘法公式:若 $P(A) > 0$,则 $P(AB) = P(A)P(B \mid A)$. 这说明 $P(AB) = P(A)P(B)$ 一般并不成立,也就是说,$P(B)$ 与 $P(B \mid A)$ 不一定相等,即事件 A 对事件 B 发生的概率一般是有影响的.

定义 1.6 设 A 与 B 为两个事件,如果 $P(AB) = P(A)P(B)$,则称事件 A 与 B 相互独立.

若事件 A 与 B 相互独立,必有

$$P(A) = P(A \mid B), \quad P(B) = P(B \mid A),$$

即事件 B 发生与否对事件 A 的概率没有影响,事件 A 发生与否对事件 B 的概率也没有影响.

事件相互独立的性质如下:

(1) 设 $P(A) > 0, P(B) > 0$,且 A 与 B 相互独立,则 $AB \neq \varnothing$;

(2) 若事件 A 与 A 相互独立,则 $P(A) = 0$ 或 1;

(3) 在 $(A, B), (\overline{A}, B), (A, \overline{B}), (\overline{A}, \overline{B})$ 这四对事件中,如果有一对事件相互独立,则另外三对事件也相互独立.

注:若 $P(A) > 0, P(B) > 0$,且 $AB = \varnothing$,则 A 与 B 必不相互独立;

定义 1.7 (1) 设 $A_1, A_2, \cdots, A_n$ 为 n 个事件,从中任取 $k(2 \leqslant k \leqslant n)$ 个事件 $A_{i_1}, A_{i_2}, \cdots, A_{i_k}$,都满足

$$P(A_{i_1} A_{i_2} \cdots A_{i_k}) = P(A_{i_1})P(A_{i_2}) \cdots P(A_{i_k}),$$

则称事件 $A_1, A_2, \cdots, A_n$ 相互独立.

(2) 如果 $A_1, A_2, \cdots, A_n$ 中任何两个事件都相互独立,即

$$P(A_i A_j) = P(A_i)P(A_j) \quad (i, j = 1, 2, \cdots, n; i \neq j),$$

则称 $A_1, A_2, \cdots, A_n$ 两两相互独立.

1.2 随机变量及其分布

随机变量是从样本空间 Ω 映射到实直线 R 的函数,是将具体的事件量化的工具,可以用来描述概率,因此被作为概率统计最主要的研究对象.依据取值的不同,随机变量可分为离散型、连续型和混合型随机变量.本书重点关注前两类随机变量.

随机变量
及其分布

1.2.1 离散型随机变量及其常见分布

常见的离散
型随机变量

1.定义

若随机变量 X 取有限个或可列多个不同的值,则称 X 为离散型随机变量.

2.分布列

分布列是刻画离散型随机变量分布规律的一种方法,要求列出离散型随机变量的所有可能取值,以及取各种不同值的概率.分布列可采用通式表达式 $P(X=x_k)=p_k(k=1,2,\cdots,n)$ 表示,也可列表表示,如

$$X \sim \begin{pmatrix} x_1 & x_2 & \cdots & x_n \\ p_1 & p_2 & \cdots & p_n \end{pmatrix}.$$

分布列满足性质:$\forall k, 0 \leqslant p_k \leqslant 1$,且 $\sum\limits_k p_k = 1$.

3.分布函数

设 X 为一随机变量,令 $F(x)=P(X \leqslant x)(x \in \mathbf{R})$,$F(x)$ 称为随机变量 X 的分布函数.

特别地,离散型随机变量的分布函数是个阶梯函数.

4.常见分布

(1)单点分布

若随机变量 X 满足 $P(X=c)=1$,其中 c 是一确定的常数,则称随机变量 X 服从单点分布,即所有可能取值退化为一个值,故又称为退化分布.

(2)两点分布

若随机变量 X 的分布列为

$$X \sim \begin{pmatrix} a & b \\ p & 1-p \end{pmatrix} \quad (0 < p < 1),$$

则称随机变量 X 服从两点分布. 特别地, 当 $a=1, b=0$ 时, 称随机变量 X 服从 **0-1** 分布, 并记为 $X \sim B(1,p)$.

(3) 二项分布

若随机变量 X 的分布列为

$$P(X=k) = C_n^k p^k (1-p)^{n-k} \quad (k=0,1,2,\cdots,n; \ 0 < p < 1),$$

则称随机变量 X 服从参数为 p 的二项分布, 并记为 $X \sim B(n,p)$.

(4) 几何分布

若随机变量 X 的分布列为

$$P(X=n) = p(1-p)^{n-1} \quad (n=1,2,\cdots; 0 < p < 1),$$

则称随机变量 X 服从参数为 p 的几何分布, 并记为 $X \sim G(p)$.

(5) 多项分布(二项分布的推广)

若随机变量 $(N_1, N_2, \cdots, N_m)$ 的联合分布列为

$$P(N_1=r_1, N_2=r_2, \cdots, N_m=r_m) = \frac{n!}{r_1! \ r_2! \cdots r_m!} p_1^{r_1} p_2^{r_2} \cdots p_m^{r_m}$$

$$\left(0 < p_k < 1; \sum_{k=1}^{m} p_k = 1; 0 \leqslant r_k \leqslant n; \sum_{k=1}^{m} r_k = n\right),$$

则称随机变量 $(N_1, N_2, \cdots, N_m)$ 服从参数为 $(p_1, p_2, \cdots, p_m)$ 的多项分布.

(6) 泊松分布

若随机变量 X 的分布列为

$$P(X=k) = \frac{\lambda^k}{k!} e^{-\lambda} \quad (k=0,1,2,\cdots; \lambda > 0),$$

则称随机变量 X 服从参数为 λ 的泊松分布, 并记为 $X \sim P(\lambda)$.

分布函数, 常
见的连续型
随机变量

1.2.2 连续型随机变量及其常见分布

1. 定义

若存在非负实函数 $f(x)$, 使得随机变量 X 的分布函数 $F(x) = \int_{-\infty}^{x} f(t) \, dt$, 则称 X 为连续型随机变量, 其中实函数 $f(x)$ 称为该变量的概率密度函数, 简称

密度函数.

密度函数满足：

(1) $f(x) \geqslant 0$；

(2) $\int_{\mathbf{R}} f(x)\,\mathrm{d}x = 1.$

此外,在 $f(x)$ 的连续点 x 处,有 $F'(x) = f(x)$.

2. 概率计算公式

若 $\{X \in G\}$ 为一事件, 其中 G 为一个区域, 则其概率为 $P(X \in G) = \int_{G} f(x)\,\mathrm{d}x$, 特别地单点概率为 0, 即

$$P(X = x_0) = \int_{x = x_0} f(x)\,\mathrm{d}x = 0.$$

3. 常见分布

(1) 均匀分布

若随机变量 X 的密度函数为

$$f(x) = \begin{cases} \dfrac{1}{b-a}, & a \leqslant x \leqslant b, \\ 0, & \text{其他}, \end{cases}$$

则称 X 服从区间 (a,b) 上的均匀分布, 并记为 $X \sim U(a,b)$.

(2) 指数分布

若随机变量 X 的密度函数为

$$f(x) = \begin{cases} \lambda\,\mathrm{e}^{-\lambda x}, & x > 0, \\ 0, & x \leqslant 0, \end{cases}$$

其中参数 $\lambda > 0$, 则称 X 服从参数为 λ 的指数分布, 并记为 $X \sim E(\lambda)$.

指数分布的密度函数也常用 $f(x) = \begin{cases} \dfrac{1}{\theta}\,\mathrm{e}^{-\frac{x}{\theta}}, & x > 0 \\ 0, & x \leqslant 0 \end{cases}$ 表示, 即 $\lambda = \dfrac{1}{\theta}$.

(3) 正态分布

若随机变量 X 的密度函数为

$$f(x) = \frac{1}{\sqrt{2\pi}\,\sigma}\mathrm{e}^{-\frac{(x-\mu)^2}{2\sigma^2}}, x \in \mathbf{R}, \mu \in \mathbf{R}, \sigma > 0,$$

则称 X 服从正态分布,并记为 $X \sim N(\mu, \sigma^2)$. 特别地,把 $N(0,1)$ 称为标准正态分布.

*(4) Γ 分布

若随机变量 X 的密度函数为

$$f(x) = \begin{cases} \dfrac{\beta(\beta x)^{\alpha-1} e^{-\beta x}}{\Gamma(\alpha)}, & x > 0, \\ 0, & x \leqslant 0, \end{cases} \quad \alpha > 0, \beta > 0,$$

则称 X 服从参数为 α, β 的 Γ 分布,并记为 $X \sim \Gamma(\alpha, \beta)$,其中 $\Gamma(\alpha) = \int_0^{+\infty} x^{\alpha-1} e^{-x} \mathrm{d}x \, (\alpha > 0)$ 称为 Γ 函数.

*(5) β 分布

若随机变量 X 的密度函数为

$$f(x) = \begin{cases} \dfrac{\Gamma(a+b)}{\Gamma(a)\,\Gamma(b)} x^{a-1} (1-x)^{b-1}, & 0 < x < 1, \\ 0, & \text{其他}, \end{cases} \quad a > 0, b > 0,$$

则称 X 服从参数为 a, b 的 β 分布,并记为 $X \sim Be(a, b)$.

(6) 混合正态分布

接下来要介绍混合正态分布. 首先以标准化随机变量开始. 假设正在观察一个大部分情况服从标准正态分布,但是偶尔服从一个较大方差的零均值正态分布的量,即在应用中,大多数数据是好的,但是会有偶然的异常值. 令 $Z \sim N(0,1)$,设 $I_{1-\varepsilon}$ 是如下定义的离散型随机变量

$$P(I_{1-\varepsilon} = 1) = 1 - \varepsilon, \quad P(I_{1-\varepsilon} = 0) = \varepsilon.$$

并且假设 Z 和 $I_{1-\varepsilon}$ 相互独立. 令 $W = Z I_{1-\varepsilon} + \sigma Z(1 - I_{1-\varepsilon})$,其中 $\sigma > 1$,那么 W 的分布函数为

$$\begin{aligned} F_W(w) &= P(W \leqslant w) = P(W \leqslant w, I_{1-\varepsilon} = 1) + P(W \leqslant w, I_{1-\varepsilon} = 0) \\ &= P(W \leqslant w \mid I_{1-\varepsilon} = 1) P(I_{1-\varepsilon} = 1) + P(W \leqslant w \mid I_{1-\varepsilon} = 0) P(I_{1-\varepsilon} = 0) \\ &= P(Z \leqslant w)(1 - \varepsilon) + P(Z \leqslant w/\sigma)\varepsilon \\ &= \Phi(w)(1 - \varepsilon) + \Phi(w/\sigma)\varepsilon, \end{aligned}$$

这里 Φ 表示标准正态分布的分布函数. 可见 W 的分布是正态分布函数的凸组合,称为混合正态分布. W 的密度函数为

$$f_W(w) = F'_W(w) = \varphi(w)(1 - \varepsilon) + \varphi(w/\sigma)\varepsilon/\sigma,$$

这里 φ 表示标准正态分布的密度函数.

假设感兴趣的随机变量由一般的正态分布导出,即令 $X=a+bW,b>0$,则 X 的分布函数为

$$F_X(x)=P(X\leqslant x)=P(a+bW\leqslant x)$$

$$=P\left(W\leqslant \frac{x-a}{b}\right)=\Phi\left(\frac{x-a}{b}\right)(1-\varepsilon)+\Phi\left(\frac{x-a}{b\sigma}\right)\varepsilon.$$

1.3   二维随机变量及其分布

1.3.1   二维随机变量的联合分布函数

设 X 和 Y 为两个随机变量,则称 (X,Y) 为二维随机变量. 一维随机变量取值是直线 $\mathbf{R}$ 上的一个随机点,那么二维随机变量就是平面 $\mathbf{R}^2$ 上的一个二维随机点. 在研究一维随机变量的时候,它的所有概率特性完全由它的分布函数决定. 与一维随机变量类似,二维随机变量的所有概率特性完全由它的联合分布函数决定.

定义 1.8   设 (X,Y) 为二维随机变量,对任意实数 x,y,二元函数

$$F(x,y)=P(X\leqslant x,Y\leqslant y)$$

称为 (X,Y) 的**联合分布函数**,其中 $\{X\leqslant x,Y\leqslant y\}$ 为 $\{X\leqslant x\}\bigcap\{Y\leqslant y\}$ 的简写形式.

联合分布函数具有以下的性质:

(1)$F(x,y)$ 对 x 或 y 都是不减函数. 即对任意 y,若 $x_1<x_2$,则 $F(x_1,y)\leqslant F(x_2,y)$;对任意 x,若 $y_1<y_2$,则 $F(x,y_1)\leqslant F(x,y_2)$.

(2) 对任意的 x,y,有

$$F(-\infty,y)=0,\quad F(x,-\infty)=0,$$

$$F(-\infty,-\infty)=0,\quad F(+\infty,+\infty)=1.$$

(3)$F(x,y)$ 分别对 x,y 右连续,即有

$$F(x+0,y)=F(x,y),\quad F(x,y+0)=F(x,y).$$

(4) 矩形法则:对任何 $x_1<x_2,y_1<y_2$,有

$$F(x_2,y_2)-F(x_1,y_2)-F(x_2,y_1)+F(x_1,y_1)\geqslant 0.$$

在研究二维随机变量 (X,Y) 的过程中,为了避免将单个随机变量 X 或 Y 的分

布与联合分布混为一谈,往往将单个随机变量 X 或 Y 的分布称为边际分布,即 X 的分布函数 $F_X(x)$ 称为 X 的边际分布函数,Y 的分布函数 $F_Y(y)$ 称为 Y 的边际分布函数.(X,Y) 的联合分布函数与 X,Y 的边际分布函数有如下关系

$$F_X(x)=F(x,+\infty), \quad F_Y(y)=F(+\infty,y).$$

注意,由联合分布函数必然可求出边际分布函数,但是由两个边际分布函数未必能推出联合分布函数,因为联合分布函数还含有二维随机变量的相关关系.

二维随机
变量 离散型

1.3.2 二维离散型随机变量

若 X 与 Y 是两个一维离散型随机变量,则称 (X,Y) 为二维离散型随机变量. 由于 X 与 Y 的可能取值都是至多可数个,所以 (X,Y) 的可能取值也是至多可数个.

定义 1.9 设 (X,Y) 为二维离散型随机变量,且 X 的可能取值记为 $x_1,x_2,\cdots$,Y 的可能取值记为 $y_1,y_2,\cdots$,称

$$P(X=x_i,Y=y_j)=p_{ij} \quad (i,j=1,2,\cdots),$$

为二维离散型随机变量 (X,Y) 的联合分布列或联合分布律.

p_{ij} 具有以下性质:

(1) 非负性:$p_{ij} \geqslant 0(i,j=1,2,\cdots)$;

(2) 归一性:$\sum_i \sum_j p_{ij}=1$.

(X,Y) 的联合分布列与 (X,Y) 的联合分布函数是等价的. 如果已知 (X,Y) 的联合分布列为 $P(X=x_i,Y=y_j)=p_{ij}(i,j=1,2,\cdots)$,可以求出 (X,Y) 的联合分布函数为 $F(x,y)=\sum_{x_i\leqslant x}\sum_{y_j\leqslant y}p_{ij}$;反之,由联合分布函数也可以求出联合分布列.

设 (X,Y) 为二维离散型随机变量,其联合分布列为

$$P(X=x_i,Y=y_j)=p_{ij} \quad (i,j=1,2,\cdots),$$

则称

$$P(X=x_i)=P(X=x_i,Y<+\infty) \quad (i=1,2,\cdots),$$

为 X 的边际分布列,记作 $p_i.$.

同理,称

$$P(Y=y_j)=P(X<+\infty,Y=y_j) \quad (j=1,2,\cdots),$$

为 Y 的边际分布列,记作 $p_{\cdot j}$.

前面已经知道,两个事件 A 与 B 相互独立是指积事件的概率等于两个事件的概率乘积,即 $P(AB)=P(A)P(B)$. 如果 (X,Y) 为二维离散型随机变量,那么事件 $\{X=x_i\}$ 与 $\{Y=y_j\}$ 相互独立就是指

$$P(X=x_i,Y=y_j)=P(X=x_i)P(Y=y_j),$$

从而有下面 X 与 Y 相互独立的定义.

定义 1.10　设 (X,Y) 为二维离散型随机变量,X 与 Y 的可能取值分别为 x_1,$x_2,\cdots$ 与 $y_1,y_2,\cdots$,如果对任意的 $i,j=1,2,\cdots$,都有

$$P(X=x_i,Y=y_j)=P(X=x_i)P(Y=y_j),$$

则称 X 与 Y 相互独立.

进一步,若 X 与 Y 相互独立,则 $g(X)$ 与 $h(Y)$ 也相互独立.

1.3.3　二维连续型随机变量

一维连续型随机变量的概率特性是由它的密度函数决定的,类似地,二维连续型随机变量的概率特性也是由它的联合密度决定的.

定义 1.11　设 $F(x,y)$ 为二维随机变量 (X,Y) 的联合分布函数,若存在非负函数 $f(x,y)$,使得对于任意的 $x,y\in\mathbf{R}$,有

$$F(x,y)=\int_{-\infty}^{x}\int_{-\infty}^{y}f(u,v)\mathrm{d}v\mathrm{d}u,$$

则称 (X,Y) 为二维连续型随机变量,并称 $f(x,y)$ 为 (X,Y) 的联合概率密度函数,简称联合密度函数.

联合密度函数 $f(x,y)$ 具有以下性质:

（1）非负性

$$f(x,y)\geqslant 0 \quad (x,y\in\mathbf{R});$$

（2）归一性

$$\int_{-\infty}^{+\infty}\int_{-\infty}^{+\infty}f(x,y)\mathrm{d}x\mathrm{d}y=1.$$

由联合密度函数的定义还可以得到如下性质:

（1）$F(x,y)$ 是二元连续函数;

（2）在 $f(x,y)$ 的连续点 (x,y) 处有

$$\frac{\partial^2 F(x,y)}{\partial x \partial y} = f(x,y).$$

我们知道 X 的分布函数为

$$F_X(x) = F(x,+\infty) = \int_{-\infty}^{x}\int_{-\infty}^{+\infty} f(u,y)\mathrm{d}y\mathrm{d}u,$$

所以 X 具有边际密度函数

$$f_X(x) = \int_{-\infty}^{+\infty} f(x,y)\mathrm{d}y \quad (x \in \mathbf{R}).$$

同样地可以得到 Y 的边际密度函数为

$$f_Y(y) = \int_{-\infty}^{+\infty} f(x,y)\mathrm{d}x \quad (y \in \mathbf{R}).$$

(3) (X,Y) 落在某个平面区域 G 中的概率,应该是在区域 G 上对 (X,Y) 的联合密度函数 $f(x,y)$ 进行二重积分,即

$$P((X,Y) \in G) = \iint\limits_{G} f(x,y)\mathrm{d}x\,\mathrm{d}y.$$

下面介绍两个常用的二维连续分布.

1. 二维均匀分布

设 D 为平面有界闭区域,其面积为 S_D,若联合密度函数为

$$f(x,y) = \begin{cases} \dfrac{1}{S_D}, & (x,y) \in D, \\ 0, & (x,y) \notin D, \end{cases}$$

则称二维随机变量 (X,Y) 服从 D 上的二维均匀分布.

若 G 为 D 的子区域,面积为 S_G,则有

$$P((X,Y) \in G) = \iint\limits_{G} f(x,y)\mathrm{d}x\,\mathrm{d}y = \frac{1}{S_D}\iint\limits_{G} \mathrm{d}x\,\mathrm{d}y = \frac{S_G}{S_D}.$$

2. 二维正态分布

若随机变量 (X,Y) 的联合密度函数为

$$f(x,y) = \frac{1}{2\pi\sigma_1\sigma_2\sqrt{1-\rho^2}}\exp\left\{-\frac{1}{2(1-\rho^2)}\cdot\right.$$

$$\left.\left[\frac{(x-\mu_1)^2}{\sigma_1^2} - \frac{2\rho(x-\mu_1)(y-\mu_2)}{\sigma_1\sigma_2} + \frac{(y-\mu_2)^2}{\sigma_2^2}\right]\right\}$$

$$(x,y \in \mathbf{R}; \sigma_1 > 0, \sigma_2 > 0; |\rho| < 1)$$

则称 (X,Y) 服从参数为 $\mu_1,\mu_2,\sigma_1^2,\sigma_2^2,\rho$ 的二维正态分布,记为

$$(X,Y) \sim N(\mu_1,\mu_2,\sigma_1^2,\sigma_2^2,\rho).$$

　　下面是二维连续型随机变量相互独立的定义.

　　定义 1.12　设 $F(x,y)$ 及 $F_X(x)$、$F_Y(y)$ 分别是二维连续型随机变量 (X,Y) 的联合分布函数和边际分布函数,若对于所有的 x,y 有

$$F(x,y) = F_X(x) \cdot F_Y(y),$$

或等价地有

$$f(x,y) = f_X(x)f_Y(y),$$

二维连续型随机变量,随机变量的独立性

则称随机变量 X 和 Y 相互独立.

　　进一步,若 X 与 Y 相互独立,则 $g(X)$ 与 $h(Y)$ 也相互独立.

　　设 $(X,Y) \sim N(\mu_1,\mu_2,\sigma_1^2,\sigma_2^2,\rho)$,则 X 与 Y 相互独立的充要条件是 $\rho = 0$.

1.4　随机变量的数字特征

随机变量的数字特征 数字特征的定义与性质

1.4.1　数学期望

　　定义 1.13　设离散型随机变量 X 的分布列为 $P(X=x_k)=p_k(k=1,2,\cdots)$,若级数 $\sum\limits_{k=1}^{+\infty} x_k p_k$ 绝对收敛,则称 $E(X)=\sum\limits_{k=1}^{+\infty} x_k p_k$ 为随机变量 X 的数学期望. 数学期望也称为平均值、均值.

　　定义 1.14　设连续型随机变量 X 的密度函数为 $f(x)$,若积分 $\int_{-\infty}^{+\infty} |x| f(x)\mathrm{d}x$ 收敛,则称 $E(X)=\int_{-\infty}^{+\infty} x f(x)\mathrm{d}x$ 为随机变量 X 的数学期望.

　　定理 1.3　设 $g(X)$ 是随机变量 X 的函数,$g(x)$ 是连续函数.

　　(1) 若 X 是离散型随机变量,它的分布列为 $P(X=x_k)=p_k(k=1,2,\cdots)$,且 $\sum\limits_{k=1}^{+\infty} g(x_k)p_k$ 绝对收敛,则随机变量 $g(X)$ 的数学期望存在,且

$$E[g(X)] = \sum\limits_{k=1}^{+\infty} g(x_k)p_k.$$

　　(2) 若 X 是连续型随机变量,它的密度函数为 $f(x)$,且 $\int_{-\infty}^{+\infty} g(x)f(x)\mathrm{d}x$ 绝

对收敛,则有

$$E[g(X)] = \int_{-\infty}^{+\infty} g(x)f(x)\mathrm{d}x.$$

特别地,称随机变量 X 的 k 次方的数学期望 $E(X^k)$ 为 X 的 k 阶原点矩,称 $X - E(X)$ 的 k 次方的期望 $E\{[X - E(X)]^k\}$ 为 X 的 k 阶中心矩.

定理 1.4 设 $g(X,Y)$ 是随机变量 X,Y 的函数, $g(x,y)$ 为连续函数,那么 $g(X,Y)$ 也是一个随机变量.

(1) 设 (X,Y) 为二维离散型随机变量,其联合分布列为 $P(X = x_i, Y = y_j) = p_{ij}(i,j = 1,2,\cdots)$. 若 $\sum\limits_{i=1}^{+\infty} \sum\limits_{j=1}^{+\infty} |g(x_i,y_j)| p_{ij} < +\infty$,则随机变量 $g(X,Y)$ 的数学期望存在,且

$$E[g(X,Y)] = \sum_{i=1}^{+\infty} \sum_{j=1}^{+\infty} g(x_i,y_j) p_{ij}.$$

(2) 设 (X,Y) 为二维连续型随机变量,其联合密度函数为 $f(x,y)$. 若 $\int_{-\infty}^{+\infty} \int_{-\infty}^{+\infty} |g(x,y)| f(x,y)\mathrm{d}x\,\mathrm{d}y < +\infty$,则随机变量 $g(X,Y)$ 的数学期望存在,且

$$E[g(X,Y)] = \int_{-\infty}^{+\infty} \int_{-\infty}^{+\infty} g(x,y) f(x,y)\mathrm{d}x\,\mathrm{d}y.$$

数学期望具有如下性质:

(1) $E(c) = c$,其中 c 为常数;

(2) $E(cX) = cE(X)$;

(3) $E(X_1 + X_2) = E(X_1) + E(X_2)$,

更一般地,设 $X_1, X_2, \cdots, X_n$ 为 $n(n \geqslant 2)$ 个随机变量,则

$$E\left(\sum_{i=1}^{n} X_i\right) = \sum_{i=1}^{n} E(X_i);$$

(4) 若随机变量 X 与 Y 相互独立,则 $E(XY) = E(X)E(Y)$. 进一步,若 X 与 Y 相互独立, $g(X)$ 与 $h(Y)$ 分别为 X 和 Y 的函数,则

$$E[g(X)h(Y)] = E[g(X)] \cdot E[h(Y)].$$

1.4.2 方　差

定义 1.15 设 X 为随机变量,若 $E\{[X - E(X)]^2\}$ 存在,则称 $E\{[X -$

$E(X)]^2\}$ 为 X 的方差，记作 $\mathrm{Var}(X)$，即 $\mathrm{Var}(X)=E\{[X-E(X)]^2\}$. 称 $\sqrt{\mathrm{Var}(X)}$ 为 X 的标准差（或均方差），记作 σ_X，即 $\sigma_X=\sqrt{\mathrm{Var}(X)}$.

方差 $\mathrm{Var}(X)$ 是随机变量 X 的取值相对于均值偏离程度的一种度量.

方差具有如下性质：

(1) 若 c 为常数，则

$$\mathrm{Var}(c)=0;$$

(2) 若 a,b 为常数，X 为随机变量，则

$$\mathrm{Var}(aX+b)=a^2\mathrm{Var}(X);$$

(3) 若随机变量 X 与 Y 相互独立，则

$$\mathrm{Var}(X+Y)=\mathrm{Var}(X)+\mathrm{Var}(Y).$$

更一般地，如果随机变量 $X_1,X_2,\cdots,X_n$ 相互独立，则

$$\mathrm{Var}\left(\sum_{i=1}^{n}X_i\right)=\sum_{i=1}^{n}\mathrm{Var}(X_i).$$

下面给出常见分布的期望与方差

随机变量的数字
特征 常见分布
的数字特征

(1) 0-1 分布

设 X 服从 0-1 分布 $B(1,p)$，则

$$E(X)=p,\quad \mathrm{Var}(X)=p(1-p).$$

(2) 二项分布

设 X 服从参数为 p 的二项分布 $B(n,p)$，则

$$E(X)=np,\quad \mathrm{Var}(X)=np(1-p).$$

(3) 泊松分布

设 X 服从参数为 λ 的泊松分布 $P(\lambda)$，则

$$E(X)=\lambda,\quad \mathrm{Var}(X)=\lambda.$$

(4) 几何分布

设 X 服从参数为 p 的几何分布 $G(p)$，则

$$E(X)=\frac{1}{p},\quad \mathrm{Var}(X)=\frac{1-p}{p^2}.$$

(5) 均匀分布

设 X 服从均匀分布 $U(a,b)$，则

$$E(X)=\frac{a+b}{2},\quad \mathrm{Var}(X)=\frac{(b-a)^2}{12}.$$

（6）指数分布

设 X 服从参数为 λ 的指数分布 $E(\lambda)$，则

$$E(X) = \frac{1}{\lambda}, \quad \mathrm{Var}(X) = \frac{1}{\lambda^2}.$$

（7）正态分布

设 X 服从正态分布 $N(\mu, \sigma^2)$，则

$$E(X) = \mu, \quad \mathrm{Var}(X) = \sigma^2.$$

1.4.3　协方差

对二维随机变量 (X, Y) 来说，期望 $E(X)$、$E(Y)$ 只反映了 X 和 Y 各自的平均值，方差 $\mathrm{Var}(X)$、$\mathrm{Var}(Y)$ 反映的是 X、Y 各自与均值的偏离程度，它们对 X 与 Y 之间的相互联系不提供任何信息.

定义 1.16　设 (X, Y) 为二维随机变量，若 $E\{[X - E(X)][Y - E(Y)]\}$ 存在，则称其为随机变量 X 和 Y 的协方差，记为 $\mathrm{Cov}(X, Y)$，即

$$\mathrm{Cov}(X, Y) = E\{[X - E(X)][Y - E(Y)]\}.$$

在实际计算协方差时，经常使用下面的计算公式：

$$\mathrm{Cov}(X, Y) = E(XY) - E(X)E(Y).$$

协方差具有如下性质：

（1）对称性，

$$\mathrm{Cov}(X, Y) = \mathrm{Cov}(Y, X);$$

（2）$\mathrm{Cov}(X, X) = \mathrm{Var}(X)$；

（3）若 a, b 为常数，则

$$\mathrm{Cov}(aX, bY) = ab \cdot \mathrm{Cov}(X, Y);$$

（4）若 X 与 Y 相互独立，则

$$\mathrm{Cov}(X, Y) = 0;$$

（5）$\mathrm{Cov}(X_1 + X_2, Y) = \mathrm{Cov}(X_1, Y) + \mathrm{Cov}(X_2, Y)$.

更一般地，设 $Y, X_1, X_2, \cdots, X_n$ 都是随机变量，则

$$\mathrm{Cov}\left(\sum_{i=1}^{n} X_i, Y\right) = \sum_{i=1}^{n} \mathrm{Cov}(X_i, Y);$$

(6) 随机变量和的方差与协方差的关系:

$$\text{Var}(aX + bY) = a^2\text{Var}(X) + b^2\text{Var}(Y) + 2ab\text{Cov}(X,Y).$$

1.4.4　线性相关系数

用协方差来刻画两个随机变量之间的关系,有时并不清晰、直观. 例如,当随机变量 X 与 Y 有某种线性关系时,$3X$ 与 $3Y$ 也应该有完全相同的线性关系. 但 $3X$ 与 $3Y$ 之间的协方差 $\text{Cov}(3X,3Y) = 9\text{Cov}(X,Y)$,是 X 与 Y 之间的协方差 $\text{Cov}(X,Y)$ 的 9 倍,这容易引起误解. 可见仅仅用协方差来描述 X 与 Y 的关系并不完整. 为解决此问题,下面引入线性相关系数的概念.

定义 1.17　设 (X,Y) 为二维随机变量,且 $\text{Var}(X) > 0,\text{Var}(Y) > 0$,则称

$$\rho_{XY} = \frac{\text{Cov}(X,Y)}{\sqrt{\text{Var}(X)}\,\sqrt{\text{Var}(Y)}}$$

为随机变量 X 和 Y 的线性相关系数.

对于线性相关系数,有如下性质:

(1) $|\rho_{XY}| \leqslant 1$;

(2) 当 $\rho_{XY} = 1$ 时,称 X 和 Y 正线性相关,即存在正常数 a 与实数 b 使得 $Y = aX + b$. 同理,当 $\rho_{XY} = -1$ 时,称 X 和 Y 负线性相关,即存在常数 $a < 0$ 与实数 b,使得 $Y = aX + b$. 如果 $\rho_{XY} = 0$,则 $\text{Cov}(X,Y) = 0$,称 X 和 Y 互不相关.

值得注意的是,当 X 和 Y 相互独立时,$\rho_{XY} = 0$,即 X 和 Y 不相关;反之不一定成立. 即当 X 和 Y 不相关时,X 和 Y 不一定相互独立. $|\rho|$ 越接近 1,说明 X 和 Y 的线性关系越强;$|\rho|$ 越接近 0,说明 X 和 Y 的线性关系越弱. 如果 X 和 Y 互不相关,就可以认为 X 和 Y 没有线性关系,但 X 和 Y 可能有其他的非线性关系,而 X 和 Y 相互独立是指 X 和 Y 任何关系都没有.

关于二维正态分布还有下面的结论.

定理 1.5　如果 (X,Y) 服从二维正态分布,那么 X 与 Y 相互独立的充要条件是 X 与 Y 互不相关.

定理 1.6　设二维随机变量 $(X,Y) \sim N(\mu_1,\mu_2,\sigma_1^2,\sigma_2^2,\rho)$,令 $Z = aX + bY$,$W = cX + dY$,其中 a,b,c,d 为任意常数,则 (Z,W) 也服从二维正态分布.

设随机变量 X 的期望和方差都存在,称

$$X^* = \frac{X - E(X)}{\sqrt{\text{Var}(X)}}$$

为 X 的标准化随机变量.

（1）对任何一个随机变量 X，有

$$E(X^*) = 0, \quad \text{Var}(X^*) = 1;$$

（2）设 X 与 Y 的期望和方差都存在，则

$$\rho_{XY} = \rho_{X^* Y^*} = E(X^* Y^*).$$

定义 1.18　设 $X_1, X_2, \cdots, X_n$ 为 n 个随机变量，令 $\sigma_{ij} = \text{Cov}(X_i, X_j)$，其中 i, $j = 1, 2, \cdots, n$，称矩阵 $\boldsymbol{\Sigma} = (\sigma_{ij})_{n \times n}$ 为 $X_1, X_2, \cdots, X_n$ 的协方差矩阵.

协方差矩阵 $\boldsymbol{\Sigma}$ 为对称矩阵，且为半正定矩阵，即对任意的常数向量 $\boldsymbol{\alpha}$，都有 $\boldsymbol{\alpha}^{\text{T}} \boldsymbol{\Sigma} \boldsymbol{\alpha} \geqslant 0$.

称 $E(X^k)(k = 1, 2, \cdots)$ 为 k 阶原点矩，$E(X - E(X))^k (k = 2, 3, \cdots)$ 为 k 阶中心矩.

1.5　大数定律与中心极限定理

1.5.1　大数定律

定理 1.7（切比雪夫不等式）　设随机变量 X 具有数学期望 $E(X) = \mu$，方差 $\text{Var}(X) = \sigma^2$，则对于任意的 $\varepsilon > 0$，有

$$P\{|X - \mu| \geqslant \varepsilon\} \leqslant \frac{\sigma^2}{\varepsilon^2}.$$

例 1.1　设电站供电网有 10 000 盏电灯，夜晚每一盏灯开灯的概率都是 0.7，而假定开、关时间彼此相互独立，估计夜晚同时开着的灯数在 6 800 盏与 7 200 盏之间的概率.

解　设 X 表示在夜晚同时开着的灯的数目，它服从参数为 $p = 0.7$ 的二项分布. 若要准确计算，应该用伯努利公式：

$$P\{6800 < X < 7200\} = \sum_{k=6801}^{7199} \text{C}_{10000}^k \times 0.7^k \times 0.3^{10000-k}.$$

上述公式计算量较大，可以考虑用切比雪夫不等式估计，则

$$E(X) = np = 10\,000 \times 0.7 = 7\,000,$$

$$\mathrm{Var}(X) = npq = 10\,000 \times 0.7 \times 0.3 = 2\,100,$$

$$P\{6\,800 < X < 7200\} = P\{|X - 7\,000| < 200\} \geqslant 1 - \frac{2\,100}{200^2} \approx 0.95.$$

定义 1.19　设 $X_1, X_2, \cdots$ 是一个随机变量序列，a 是一个常数，若对于任意 $\varepsilon > 0$，有

$$\lim_{n \to \infty} P\{|X_n - a| \geqslant \varepsilon\} = 0,$$

或

$$\lim_{n \to \infty} P\{|X_n - a| < \varepsilon\} = 1,$$

则称序列 $X_1, X_2, \cdots$ 依概率收敛于 a，记为 $X_n \xrightarrow{P} a$.

定理 1.8（辛钦大数定律）　设 $X_1, X_2, \cdots$ 为一系列独立同分布的随机变量序列，且具有数学期望 $E(X_i) = \mu (i = 1, 2, \cdots)$，则对任意 $\varepsilon > 0$，有

$$\lim_{n \to \infty} P\left\{ \left| \frac{1}{n} \sum_{i=1}^{n} X_i - \mu \right| \geqslant \varepsilon \right\} = 0,$$

即 $\dfrac{1}{n} \sum\limits_{i=1}^{n} X_i$ 依概率收敛于 μ.

大数定律与
中心极限定理

1.5.2　中心极限定理

首先介绍一个常用的中心极限定理.

定理 1.9（独立同分布的中心极限定理）　设 $X_1, X_2, \cdots$ 是独立同分布的随机变量序列，且 $E(X_i) = \mu$，$\mathrm{Var}(X_i) = \sigma^2 (i = 1, 2, \cdots)$，则对 $\forall x \in \mathbf{R}$，有

$$\lim_{n \to \infty} P\left(\frac{\sum\limits_{i=1}^{n} X_i - n\mu}{\sqrt{n}\,\sigma} \leqslant x \right) = \Phi(x).$$

这个定理的结论是说，只要 n 足够大，不管真实分布是何种类型，$\dfrac{1}{n} \sum\limits_{i=1}^{n} X_i$ 的近似分布都是 $N\left(\mu, \dfrac{\sigma^2}{n}\right)$，这为实践中分布类型未知的统计分析提供了方便. 下面介绍另一个中心极限定理，它是独立同分布中心极限定理的特例.

定理 1.10（棣莫弗-拉普拉斯中心极限定理）　设随机变量 X 表示 n 重伯努利试验中事件 A 发生的次数，$p (0 < p < 1)$ 是事件 A 在每次试验中出现的概率，则对任意实数 x，有

$$\lim_{n\to\infty} P\left\{\frac{X-np}{\sqrt{np(1-p)}} \leqslant x\right\} = \Phi(x).$$

此定理的结论是说 $\frac{X}{n}$ 的分布近似服从 $N\left(p, \frac{p(1-p)}{n}\right)$,这个结论会在后面多个章节提供帮助.

统计学家小传

安德雷·柯尔莫哥洛夫(1903—1987),1903年4月25日出生于俄罗斯顿巴夫市,1987年10月20日逝世.1925年毕业于莫斯科大学,1929年研究生毕业,成为莫斯科大学数学研究所研究员.1931年任莫斯科大学教授,1933年任数学力学研究所所长,1935年获物理数学博士学位.1939年当选为苏联科学院院士,20世纪最有影响的数学家之一,主要在概率论、算法信息论和拓扑学方面做出了重大贡献.

柯尔莫哥洛夫是现代概率论的开拓者之一,柯尔莫哥洛夫与辛欣共同把实变函数的方法应用于概率论,第一次在测度论基础上提出了概率论的公理定义,在公理的框架内系统地给出了概率论理论体系;提出了现代的条件概率和条件期望的概念并导出了它们的基本性质;奠定了近代概率论的基础,从而使概率论建立在完全严格的数学基础之上;成功地证明了独立同分布情形下强大数定律的充分必要条件;找到了连续分布及其经验分布之差的上确界的极限分布,这个结果是非参数统计中分布函数拟合检验的理论依据,成为统计学理论的核心之一.

习　题

1. 已知 $P(A \mid B) = 1$,证明 $P(\overline{B} \mid \overline{A}) = 1$.

2. 将长度为的木棍随机分成三段,求这三段可以构成一个三角形的概率.

3. 设连续型随机变量 X 的分布函数为 $F(x)$,试求 $F(X)$ 的密度函数.

4. 设 $X_1, \cdots, X_n$ 相互独立,且具有相同的分布函数 $F(x)$ 和密度函数 $f(x)$,试求的 $Z = \max\{X_1, \cdots, X_n\} - \min\{X_1, \cdots, X_n\}$ 的密度函数.

5. 设 $X \sim f(x) = \frac{x}{\theta}\mathrm{e}^{-\frac{x^2}{2\theta}}, x > 0$,试求 EX.

6. 设 $X \sim N(0, \sigma^2)$,试求 $E|X|$.

7. 对于两个随机变量 X 和 Y,若 EX^2, EY^2 都存在,证明 $[E(XY)]^2 \leqslant EX^2 EY^2$.

第2章

数理统计的基本概念

随着应用广泛的统计学的大发展,数理统计成为新兴的统计学一级学科的分支.数理统计是研究如何科学有效地收集、整理和分析受随机因素影响的数据,并做出推断或预测,为决策和行动提供依据或建议的学科.与其他统计学分支相比,数理统计更加注重统计学方法背后的数理逻辑.

如果随机变量的概率分布是已知的,则随机现象的统计规律性可以完全得以描述.但在实践中,一个随机变量的概率分布往往是未知的,或者虽然已知其分布的类型,但其中的参数未知.例如,某研究所关心某种合金材料的可靠性,要测试其使用寿命,使用寿命服从何种类型的分布是未知的.凭借经验,假设合金材料的使用寿命服从指数分布 $E(\lambda)$,但是其中的参数 λ 却是未知的.怎么才能估计出一个随机变量分布中的参数? 这类问题属于参数估计问题,是数理统计中重要的问题之一.

假设合金材料的技术要求是平均使用寿命为 6 500 h,标准差为 500 h.有文献报道称某种合金材料的使用寿命大大超过了规定的标准.为了进行验证,随机抽取了 50 件为样本,测得平均使用寿命为 6 545 h.这能否说明该文献报道的合金材料的使用寿命显著地高于规定的标准? 这类问题需要在两种假设(接受或拒绝文献说法)中选一个,属于假设检验问题,也是数理统计中重要的问题之一.

文献报道某合金材料的使用寿命会受到低温、室温或高温的影响.为了判断温度是否会对合金材料的使用寿命有影响,随机抽取样本测试,测得在低温、室温和高温下平均使用寿命分别为 5 820 h、6 245 h 和 7 610 h.如何判断三者之间是否存在显著的差别? 这需要引入方差分析方法.研究人员了解到这种合金材料的使用寿命不只是受到温度的影响,同时也会受到金属占比组成的影响、工艺的影响等等.为了确切地了解合金材料的使用寿命的各种影响因素,要引入回归分析方法.此外,当工业化大批量生产这种合金时,如何有效地实时监控产品的质量,也是非常重要的问题,这就涉及统计质量控制.这几方面都是数理统计关心的重要问题.

数理统计的研究内容相当丰富,可以说有数据的地方就都会用到.限于学时,本书只介绍抽样分布、参数估计、假设检验、方差分析、回归分析和质量控制这几方面的内容.

在本章中,首先介绍数理统计中最基本的三个概念:总体、样本、统计量;其次介绍使用最多的四个随机变量分布:标准正态分布、χ^2 分布、t 分布、F 分布,并研究随机变量的上 α 分位点的性质;再次介绍正态总体下的六个抽样分布;接着介绍次序统计量、经验分布函数这两种非正态总体下的常用统计量;最后介绍评价统计量的工具:充分统计量.

2.1   总体、样本、统计量

在一个统计问题中,研究对象的全体称为总体,其中每个最基本的单元称为个体.如在研究一批合金材料的使用寿命时,该批合金材料就是一个总体,其中的每个合金材料就是个体.在统计研究中,人们关心的是个体的某个或某些数量指标的分布情况,这时所有个体的数量指标的全体就是总体.由于个体的出现是随机的,因此相应的数量指标的出现也是随机的,故这种数量指标是一个随机变量.而这个随机变量的分布,就是该指标的总体分布函数.总体可用一个随机变量 X 及其分布函数 $F(x)$ 来描述.如在研究合金材料的使用寿命时,人们关心的数量指标是使用寿命 X,那么就用 X 或 X 的分布函数 $F(x)$ 表示总体.

为了推断总体分布函数及其参数,就必须从该总体中按一定原则抽取若干个体进行观测或试验,以获得有关总体的信息.这一过程称为"抽样",所抽取的部分个体称为样本,抽取的样本中个体的数量称为样本容量.因为在抽取样本之前,不确定会抽到哪些个体,而且抽到的个体也是随机得到的,其相应的数量指标也就是随机的,因此通常用 n 个随机变量 $X_1,X_2,\cdots,X_n$ 来表示,称其为一个样本.一旦个体被抽出且观察或试验结束,就得到 n 个试验数据 $x_1,x_2,\cdots,x_n$.这 n 个数据称为样本观测值.为区别用大写英文字母表示样本,用小写英文字母表示样本观测值.

例如,为了研究某批合金材料的使用寿命,决定从中抽取 8 个合金材料进行试验,这样就获得了一个容量为 8 的样本 $X_1, X_2, \cdots, X_8$. 对这 8 个合金材料进行使用寿命检测,就得到样本观测值 $x_1, x_2, \cdots, x_8$.

最常用的抽样方法为"简单随机抽样",它应满足:

(1) 代表性. 总体中每个个体都有同等机会被抽入样本,即可以认为样本 X_1, $X_2, \cdots, X_n$ 中的每个 $X_i (i = 1, 2, \cdots, n)$ 都与总体 X 有相同的分布.

(2) 独立性. 样本中每个个体的取值并不影响其他个体的取值,这意味着 X_1, $X_2, \cdots, X_n$ 相互独立.

由简单随机抽样所得的样本 $X_1, X_2, \cdots, X_n$ 是独立同分布的,都服从总体分布 $F(x), X_1, X_2, \cdots, X_n$ 称为简单随机样本,在不引起混淆的情况下,也可简称为样本. 本书中,除非特别说明,样本即指简单随机样本.

设总体 X 的分布函数为 $F(x)$,概率密度函数为 $f(x)$,则样本 $X_1, X_2, \cdots, X_n$ 的联合分布函数为

$$F(x_1, x_2, \cdots, x_n) = F(x_1)F(x_2)\cdots F(x_n) = \prod_{i=1}^{n} F(x_i);$$

样本 $X_1, X_2, \cdots, X_n$ 的联合密度函数为

$$f(x_1, x_2, \cdots, x_n) = f(x_1)f(x_2)\cdots f(x_n) = \prod_{i=1}^{n} f(x_i).$$

样本是总体的反映,即一叶知秋,但是样本观测值往往不能直接用于提取总体的信息,通常需要通过加工、整理,针对不同问题,构造样本的适当函数,并利用这些样本函数进行统计推断,进而获得所关心的信息.

定义 2.1　设 $X_1, X_2, \cdots, X_n$ 是总体 X 的一个样本,若 $T = T(X_1, X_2, \cdots, X_n)$ 是样本的函数,且不含任何未知参数,则称 T 为统计量.

按定义 2.1,统计量 $T = T(X_1, X_2, \cdots, X_n)$ 是样本的函数,因此也是一个随机变量. 从理论上讲,可以通过样本的分布来确定 T 的分布,称其为抽样分布. 由于样本的分布与未知的总体分布 $F(x)$ 有关,因此抽样分布也与 $F(x)$ 有关. 若 $x_1, x_2, \cdots, x_n$ 是样本观测值,则称 $T(x_1, x_2, \cdots, x_n)$ 是 T 的观测值. 下面介绍一些常见的统计量.

定义 2.2　设 $X_1, X_2, \cdots, X_n$ 是从总体 X 中抽取的样本,称统计量

$$\overline{X} = \frac{1}{n} \sum_{i=1}^{n} X_i$$

为样本均值；

$$S^2 = \frac{1}{n-1} \sum_{i=1}^{n} (X_i - \overline{X})^2$$

为样本方差；

$$S = \sqrt{\frac{1}{n-1} \sum_{i=1}^{n} (X_i - \overline{X})^2}$$

为样本标准差；

$$A_k = \frac{1}{n} \sum_{i=1}^{n} X_i^k \quad (k=1,2,\cdots)$$

为样本 k 阶原点矩；

$$X_{(n)} = \max\{X_1, X_2, \cdots, X_n\}$$

为极大次序统计量；

$$X_{(1)} = \min\{X_1, X_2, \cdots, X_n\}$$

为极小次序统计量.

一般来讲,用样本均值 $\overline{X}$ 来近似总体均值 $\mu = E(X)$；用样本方差 S^2 来近似总体方差 $\sigma^2 = \mathrm{Var}(X)$；用样本标准差 S 来近似总体标准差 σ；用样本 k 阶原点矩 A_k 来近似总体 k 阶原点矩 $E(X^k)$；用极大、极小次序统计量来近似总体的取值范围.

2.2 常用抽样分布

统计量是样本的函数,也是一个随机变量.统计量的分布称为抽样分布.如果能够求出统计量的分布,会对问题的研究非常有帮助.但是一般情况下,求出统计量的分布是一件非常困难的事情.但如果总体是正态分布,问题会变得相对比较简单.下面介绍 4 个基于正态总体的非常重要且常用的抽样分布.

1. 标准正态分布

关于标准正态分布 $N(0,1)$,在第 1 章已经进行了详尽的讨论,在此不再多言.

2. χ^2 分布

定义 2.3 设 $X_1, X_2, \cdots, X_n$ 相互独立,且均服从标准正态分布 $N(0,1)$,则称

$$\chi^2 = X_1^2 + X_2^2 + \cdots + X_n^2$$

服从自由度(自由度简记为 $\mathrm{d}f$)为 n 的 χ^2 分布,记为 $\chi^2(n)$,其密度函数为

$$f(x) = \begin{cases} \dfrac{1}{2^{\frac{n}{2}}\Gamma\left(\dfrac{n}{2}\right)} \mathrm{e}^{-\frac{x}{2}} x^{\frac{n}{2}-1}, & x > 0, \\ 0, & x \leqslant 0, \end{cases}$$

其密度函数图形如图 2-1 所示.

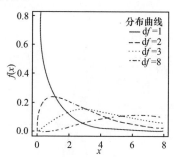

图 2-1　不同自由度的 χ^2 分布的密度函数图形

χ^2 分布有如下性质:

常用抽样分布
χ^2分布的性质

(1) 可加性. 若 $X \sim \chi^2(n)$, $Y \sim \chi^2(m)$, 且 X 与 Y 相互独立, 则
$$X + Y \sim \chi^2(n+m).$$

此性质可由定义 2.3 中的构造形式直接得到.

(2) 若 $X \sim \chi^2(n)$, 则有 $E(X) = n$, $\mathrm{Var}(X) = 2n$.

证明　由定义 2.3, 令 $X = \sum\limits_{i=1}^{n} X_i^2$, $X_i \sim N(0,1)$, 且 $X_1, X_2, \cdots, X_n$ 相互独立, 所以有

$$E(X_i) = 0, \quad E(X_i^2) = \mathrm{Var}(X_i) + [E(X_i)]^2 = 1,$$

$$E(X_i^4) = \int_{-\infty}^{+\infty} x^4 \frac{1}{\sqrt{2\pi}} \exp\left\{-\frac{x^2}{2}\right\} \mathrm{d}x = -\int_{-\infty}^{+\infty} x^3 \frac{1}{\sqrt{2\pi}} \mathrm{d}\left(\exp\left\{-\frac{x^2}{2}\right\}\right)$$

$$= -x^3 \frac{1}{\sqrt{2\pi}} \exp\left\{-\frac{x^2}{2}\right\} \Big|_{-\infty}^{+\infty} + 3\int_{-\infty}^{+\infty} x^2 \frac{1}{\sqrt{2\pi}} \exp\left\{-\frac{x^2}{2}\right\} \mathrm{d}x$$

$$= 3E(X_i^2) = 3,$$

于是

$$\mathrm{Var}(X_i^2) = E(X_i^4) - [E(X_i^2)]^2 = 3 - 1 = 2.$$

因为 $X_1, X_2, \cdots, X_n$ 相互独立, 所以

$$E(X) = E(X_1^2) + E(X_2^2) + \cdots + E(X_n^2) = n,$$

$$\mathrm{Var}(X) = \mathrm{Var}(X_1^2) + \mathrm{Var}(X_2^2) + \cdots + \mathrm{Var}(X_n^2) = 2n.$$

二维随机
变量 离散型

3. t 分布

定义 2.4 设 $X \sim N(0,1)$，$Y \sim \chi^2(n)$，且 X 与 Y 相互独立，则称

$$t = \frac{X}{\sqrt{Y/n}}$$

服从自由度为 n 的 t 分布，记为 $t(n)$，其密度函数为

$$f(x) = \frac{\Gamma\left(\dfrac{n+1}{2}\right)}{\sqrt{n\pi}\,\Gamma\left(\dfrac{n}{2}\right)}\left(1 + \frac{x^2}{n}\right)^{-\frac{n+1}{2}}, \quad -\infty < x < +\infty,$$

其密度函数图形如图 2-2 所示.

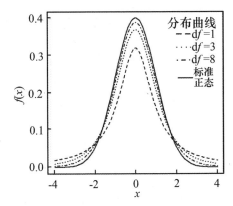

图 2-2　不同自由度的 t 分布与标准正态分布的密度函数图形

t 分布的密度函数是偶函数，且由 Stirling 公式（当 $n \to \infty$ 时，$n! \approx \sqrt{2\pi n}\left(\dfrac{n}{e}\right)^n$），有

$$\lim_{n \to \infty} f(x) = \frac{1}{\sqrt{2\pi}} e^{-\frac{x^2}{2}}.$$

这表明当 n 充分大时，自由度为 n 的 t 分布可以近似地看成是标准正态分布. 一般地，当 $n \geqslant 30$ 时，就可以将 t 分布作为标准正态分布.

4. F 分布

定义 2.5 设 $X \sim \chi^2(n)$，$Y \sim \chi^2(m)$，且 X 与 Y 相互独立，则称

$$F = \frac{X/n}{Y/m}$$

服从自由度为 n, m 的 F 分布，记为 $F(n,m)$，其密度函数为

$$f(x) = \begin{cases} \dfrac{\Gamma\left(\dfrac{m+n}{2}\right)}{\Gamma\left(\dfrac{m}{2}\right)\Gamma\left(\dfrac{n}{2}\right)} m^{\frac{m}{2}} n^{\frac{n}{2}} x^{\frac{m}{2}-1} (m+nx)^{-\frac{m+n}{2}}, & x > 0, \\[3mm] 0, & x \leqslant 0, \end{cases}$$

其密度函数图形如图 2-3 所示.

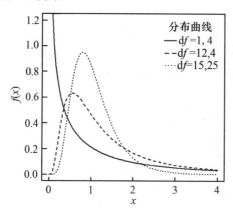

图 2-3　不同自由度的 F 分布的密度函数图形

F 分布有如下性质：

(1) 若 $F \sim F(n,m)$，则 $\dfrac{1}{F} \sim F(m,n)$；

(2) 若 $t \sim t(n)$，则 $t^2 \sim F(1,n)$.

性质(1)的证明可由定义 2.5 直接得出，性质(2)的证明作为练习.

常用抽样分布
F分布、t分布
的性质

例2.1　设总体 $X \sim N(0,1)$，$X_1, X_2, \cdots, X_n$ 是简单随机样本，试问下列统计量各服从什么分布？

(1) $X_1^2 + X_2^2 + X_3^2 + X_4^2$；

(2) $\dfrac{X_1 - X_2 + X_3}{\sqrt{X_4^2 + X_5^2 + X_6^2}}$；

(3) $\dfrac{X_1}{|X_2|}$；

(4) $\dfrac{\left(\dfrac{n}{3} - 1\right) \sum\limits_{i=1}^{3} X_i^2}{\sum\limits_{i=4}^{n} X_i^2}$.

解　(1) 因为 $X_i \sim N(0,1)(i=1,2,\cdots,n)$ 且相互独立,所以

$$X_1^2 + X_2^2 + X_3^2 + X_4^2 \sim \chi^2(4).$$

(2) 因为 $X_1 - X_2 + X_3 \sim N(0,3)$,所以

$$\frac{X_1 - X_2 + X_3}{\sqrt{3}} \sim N(0,1).$$

又

$$X_4^2 + X_5^2 + X_6^2 \sim \chi^2(3),$$

且 $X_1 - X_2 + X_3$ 与 $X_4^2 + X_5^2 + X_6^2$ 相互独立,所以

$$\frac{\dfrac{X_1 - X_2 + X_3}{\sqrt{3}}}{\sqrt{(X_4^2 + X_5^2 + X_6^2)/3}} = \frac{X_1 - X_2 + X_3}{\sqrt{X_4^2 + X_5^2 + X_6^2}} \sim t(3).$$

(3) 因为 $X_1 \sim N(0,1)$,$X_2^2 \sim \chi^2(1)$,且相互独立,所以

$$\frac{X_1}{\sqrt{X_2^2/1}} = \frac{X_1}{|X_2|} \sim t(1).$$

(4) 因为 $\displaystyle\sum_{i=1}^{3} X_i^2 \sim \chi^2(3)$,$\displaystyle\sum_{i=4}^{n} X_i^2 \sim \chi^2(n-3)$,且相互独立,所以

$$\frac{\displaystyle\sum_{i=1}^{3} X_i^2/3}{\displaystyle\sum_{i=4}^{n} X_i^2/(n-3)} = \left(\frac{n-3}{3}\right)\frac{\displaystyle\sum_{i=1}^{3} X_i^2}{\displaystyle\sum_{i=4}^{n} X_i^2} \sim F(3,n-3).$$

2.3　正态总体的抽样分布

正态分布 $N(\mu,\sigma^2)$ 在概率论中处于中心地位.同样地,在数理统计中,正态分布的作用仍然是很重要的. 一般来讲,如果总体服从正态分布,那么关于该总体的几乎所有统计问题都相对简单直接.因此,我们有必要对总体服从正态分布时统计量的分布进行研究.

正态总体的
抽样分布
单正态总体

下面给出几个在数理统计中常用到的有关抽样分布的结论.

定理 2.1(单正态总体的抽样分布定理)　设总体 $X \sim N(\mu, \sigma^2)$,$X_1,X_2,\cdots,X_n$ 为来自总体 X 的简单随机样本.样本均值 $\overline{X} =$

$\dfrac{1}{n}\sum\limits_{i=1}^{n}X_i$，样本方差 $S^2=\dfrac{1}{n-1}\sum\limits_{i=1}^{n}(X_i-\overline{X})^2$，则有

(1) $\dfrac{\overline{X}-\mu}{\sigma/\sqrt{n}}\sim N(0,1)$；

(2) $\dfrac{n-1}{\sigma^2}S^2\sim\chi^2(n-1)$，且 $\overline{X}$ 与 S^2 相互独立；

(3) $\dfrac{\overline{X}-\mu}{S/\sqrt{n}}\sim t(n-1)$.

证明　只证明(1)与(3)，(2)的证明超出本书范围，略.

(1)$X_i(i=1,2,\cdots,n)$ 相互独立，所以由正态分布的可加性知 $\overline{X}=\dfrac{1}{n}\sum\limits_{i=1}^{n}X_i$ 也

服从正态分布. 又

$$E(\overline{X})=\mu,\quad \mathrm{Var}(\overline{X})=\dfrac{\sigma^2}{n},$$

故

$$\overline{X}\sim N\left(\mu,\dfrac{\sigma^2}{n}\right).$$

利用正态分布的标准化性质即得

$$\dfrac{\overline{X}-\mu}{\sigma/\sqrt{n}}\sim N(0,1).$$

(3) 已知 $\dfrac{\overline{X}-\mu}{\sigma/\sqrt{n}}\sim N(0,1),\dfrac{n-1}{\sigma^2}S^2\sim\chi^2(n-1)$. 又由 $\overline{X}$ 与 S^2 相互独立，可

知 $\dfrac{\overline{X}-\mu}{\sigma/\sqrt{n}}$ 与 $\dfrac{n-1}{\sigma^2}S^2$ 也相互独立. 故由 t 分布的定义得

$$\dfrac{\dfrac{\overline{X}-\mu}{\sigma/\sqrt{n}}}{\sqrt{\dfrac{n-1}{\sigma^2}S^2/(n-1)}}=\dfrac{\overline{X}-\mu}{S/\sqrt{n}}\sim t(n-1).$$

下面讨论双正态总体的抽样分布. 一般来说，当涉及比较两个量的大小时要用到双总体，比如在超高压输电工程中需要招标真空断路器，甲、乙两个工厂竞标，因此需要判断甲、乙两个工厂生产的真空断路器的使用寿命的长短. 为了比较，抽取一部分真空断路器. 假设从甲厂抽取 26 个真空断路器，从乙厂抽取 34 个，将这些真

空断路器随机地试验检测,记录下每个真空断路器的使用寿命,可得甲厂 26 个真空断路器的使用寿命 $x_1,x_2,\cdots,x_{26}$,乙厂 34 个真空断路器的使用寿命 $y_1,y_2,\cdots,$ y_{34}.使用这两组数据就可以判断出甲、乙两个工厂生产的真空断路器的使用寿命的长短.注意,这里的随机变量即使用寿命可以假设服从对数正态分布,因此可使原始数据通过对数变换后服从正态分布.

双正态总体在医药行业使用得非常普遍,因为要经常衡量治疗同一种疾病的两种药物的治疗效果.例如,为了比较甲、乙两种安眠药的治疗效果,经过抽样调查得平均延长睡眠时间 $x_甲=2.5$ h,$x_乙=1.2$ h,$s_甲=3.2$ h,$s_乙=0.4$ h.此时不能单纯地比较均值,$x_甲 > x_乙$ 不能说明甲药比乙药好.还要考虑方差,因为方差是稳定性的体现.$s_甲$ 太大了,也就是说病人本来想睡觉,但吃了之后反倒不想睡觉了,或者吃药后一睡不醒,这种药没人敢吃.反观乙药,就比较稳定,每个人吃了都能有一定的效果.

对于双正态总体的抽样分布,我们有如下结果.

正态总体的
抽样分布
双正态总体

定理 2.2(双正态总体的抽样分布定理) 设总体 $X \sim N(\mu_1, \sigma_1^2)$ 与总体 $Y \sim N(\mu_2,\sigma_2^2)$,$X_1,X_2,\cdots,X_n$ 与 $Y_1,Y_2,\cdots,Y_m$ 分别为来自总体 X 与总体 Y 的简单随机样本,两组样本相互独立.以 $\overline{X},\overline{Y}$,$S_1^2,S_2^2$ 分别表示两样本的样本均值与样本方差,则有

$$(1)\ \frac{(\overline{X}-\overline{Y})-(\mu_1-\mu_2)}{\sqrt{\dfrac{\sigma_1^2}{n}+\dfrac{\sigma_2^2}{m}}} \sim N(0,1);$$

$$(2)\ \frac{S_1^2}{S_2^2} \cdot \frac{\sigma_2^2}{\sigma_1^2} \sim F(n-1,m-1);$$

(3) 若 $\sigma_1^2=\sigma_2^2$,则

$$\frac{(\overline{X}-\overline{Y})-(\mu_1-\mu_2)}{S_w\sqrt{\dfrac{1}{n}+\dfrac{1}{m}}} \sim t(n+m-2),$$

其中

$$S_w=\sqrt{\frac{(n-1)S_1^2+(m-1)S_2^2}{n+m-2}}.$$

证明 (1) 由于 $\overline{X} \sim N\left(\mu_1,\dfrac{\sigma_1^2}{n}\right)$,$\overline{Y} \sim N\left(\mu_2,\dfrac{\sigma_2^2}{m}\right)$,且两者相互独立,于是利用

正态分布的可加性得

$$\overline{X}-\overline{Y} \sim N\left(\mu_1-\mu_2,\frac{\sigma_1^2}{n}+\frac{\sigma_2^2}{m}\right),$$

将上式标准化即可得(1)的结论.

(2) 已知 $\dfrac{n-1}{\sigma_1^2}S_1^2 \sim \chi^2(n-1)$,$\dfrac{m-1}{\sigma_2^2}S_2^2 \sim \chi^2(m-1)$,且两者相互独立,利用 F 分布的定义可知(2)的结论成立.

(3) 如果 $\sigma_1^2=\sigma_2^2$,那么

$$\frac{n-1}{\sigma_1^2}S_1^2+\frac{m-1}{\sigma_1^2}S_2^2 \sim \chi^2(n+m-2),$$

又由(1)的结论知

$$\frac{(\overline{X}-\overline{Y})-(\mu_1-\mu_2)}{\sigma_1\sqrt{\dfrac{1}{n}+\dfrac{1}{m}}} \sim N(0,1),$$

于是利用 t 分布的定义可得(3)的结论.

正态总体的抽样
分布 抽样分布
定理例题

单正态总体抽样分布定理和双正态总体抽样分布定理,给出正态总体中小样本情况下一些统计量的准确分布,可用于构造正态总体中的置信区间和假设检验问题.

例 2.2　设总体 $X \sim N(52,6.3^2)$,$X_1,X_2,\cdots,X_{36}$ 为简单随机样本,$\overline{X}$ 为样本均值,求:

(1)$\overline{X}$ 的数学期望与方差;

(2)$P(50.8<\overline{X}<53.8)$.

解　(1) 已知 $X \sim N(52,6.3^2)$,由定理 2.1 知,

$$\overline{X} \sim N\left(52,\frac{6.3^2}{36}\right),$$

所以

$$E(\overline{X})=52,\quad \mathrm{Var}(\overline{X})=\frac{6.3^2}{36}=1.102\ 5.$$

(2) 由 $\overline{X} \sim N\left(52,\dfrac{6.3^2}{36}\right)$,知

$$\frac{\overline{X}-52}{6.3/6} \sim N(0,1),$$

所以

$$P(50.8 < \overline{X} < 53.8) = P\left(\frac{50.8 - 52}{6.3/6} < \frac{\overline{X} - 52}{6.3/6} < \frac{53.8 - 52}{6.3/6}\right)$$

$$= \Phi(1.714) - \Phi(-1.143)$$

$$= 0.9564 - (1 - 0.8729) = 0.8293.$$

例 2.3 设 $X_1, X_2, \cdots, X_n, X_{n+1}$ 是正态总体 $X \sim N(\mu, \sigma^2)$ 的样本,记

$$\overline{X}_n = \frac{1}{n}\sum_{i=1}^{n} X_i, \quad S_n^2 = \frac{1}{n}\sum_{i=1}^{n}(X_i - \overline{X}_n)^2.$$

试证明统计量 $U = \sqrt{\dfrac{n-1}{n+1}}\,\dfrac{X_{n+1} - \overline{X}_n}{S_n}$ 服从 $t(n-1)$ 分布.

提示:此类题要从 t 分布的定义出发,找到对应的分子和分母,考虑 $X_{n+1} - \overline{X}_n$ 的分布,并化为标准正态分布,考虑 S_n 对应的 χ^2 分布.

证明 由题意及抽样分布定理知 X_{n+1}、$\overline{X}_n$ 与 S_n^2 三者相互独立.

由于 $\overline{X}_n \sim N\left(\mu, \dfrac{\sigma^2}{n}\right)$,$X_{n+1} \sim N(\mu, \sigma^2)$,所以

$$X_{n+1} - \overline{X}_n \sim N\left(0, \frac{n+1}{n}\sigma^2\right),$$

于是

$$\sqrt{\frac{n}{n+1}}\,\frac{X_{n+1} - \overline{X}_n}{\sigma} \sim N(0,1).$$

又 $\dfrac{n}{\sigma^2}S_n^2 \sim \chi^2(n-1)$,且 $X_{n+1} - \overline{X}_n$ 与 S_n^2 相互独立,所以

$$\frac{\sqrt{\dfrac{n}{n+1}}\,\dfrac{X_{n+1} - \overline{X}_n}{\sigma}}{\sqrt{\dfrac{nS_n^2}{\sigma^2}\Big/(n-1)}} = \sqrt{\frac{n-1}{n+1}}\,\frac{X_{n+1} - \overline{X}_n}{S_n} \sim t(n-1).$$

上α分位点
定义和性质

2.4 上 α 分位点

分位点是数理统计学中的一个重要概念,特别是在参数的区间估计与假设检验中都是必不可少的,同时在金融、经济领域中也起到非常关键的作用.

定义 2.6　设随机变量 $Z \sim N(0,1)$，若对 $\alpha \in (0,1)$，实数 z_α 满足

$$P(Z > z_\alpha) = \alpha,$$

则称点 z_α 为标准正态分布的上 α 分位点.

上 a 分位点
正态分布

标准正态分布的上 α 分位点如图 2-4 所示.

由于标准正态分布的密度函数为偶函数，可知 $z_{1-\alpha} = -z_\alpha$.

在本书附录中，给出了常见的几个统计量的分布表. 对于给定的 α 值，可以查到所要求的上 α 分位点值. 需要注意的是，附表中有些是下 α 分位点值，通过转换才能使用.

例 2.4　给定 $\alpha = 0.025$ 与 $\alpha = 0.05$，查表求 z_α 和 $z_{1-\alpha}$ 的值.

解　反查标准正态分布表（附表 1），得

$$z_{0.025} = 1.96, \quad z_{0.975} = -z_{0.025} = -1.96.$$
$$z_{0.05} = 1.645, \quad z_{0.95} = -z_{0.05} = -1.645.$$

定义 2.7　设随机变量 $X \sim \chi^2(n)$，若对 $\alpha \in (0,1)$，实数 $\chi^2_\alpha(n)$ 满足

$$P(X > \chi^2_\alpha(n)) = \alpha,$$

则称点 $\chi^2_\alpha(n)$ 为 χ^2 分布的上 α 分位点.

χ^2 分布的上 α 分位点如图 2-5 所示.

易知

$$P(X \leqslant \chi^2_{1-\alpha}(n)) = \alpha.$$

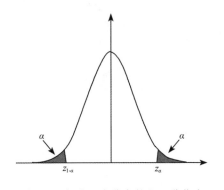

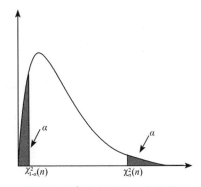

图 2-4　标准正态分布的上 α 分位点　　　图 2-5　χ^2 分布的上 α 分位点

例 2.5　给定 $\alpha = 0.05$，查表求 $\chi^2_\alpha(10)$ 和 $\chi^2_{1-\alpha}(10)$ 的值.

解　由 χ^2 分布表（附表 3）可得

$$\chi^2_{0.05}(10) = 18.307, \quad \chi^2_{0.95}(10) = 3.940.$$

上a分位点 t分布

定义 2.8 设随机变量 $t \sim t(n)$,若对 $\alpha \in (0,1)$,实数 $t_\alpha(n)$ 满足

$$P(t > t_\alpha(n)) = \alpha,$$

则称点 $t_\alpha(n)$ 为 t 分布的上 α 分位点.

t 分布的上 α 分位点如图 2-6 所示.

由于 t 分布的密度函数是偶函数,故有

$$t_{1-\alpha}(n) = -t_\alpha(n).$$

例 2.6 给定 $\alpha = 0.01$,查表求 $t_\alpha(12)$ 和 $t_{1-\alpha}(12)$ 的值.

解 由 t 分布表(附表 2)可得

$$t_{0.01}(12) = 2.681, \quad t_{0.99}(12) = -2.681.$$

上a分位点 F分布

定义 2.9 设随机变量 $F \sim F(n,m)$,若对 $\alpha \in (0,1)$,实数 $F_\alpha(n,m)$ 满足

$$P(F > F_\alpha(n,m)) = \alpha,$$

则称点 $F_\alpha(n,m)$ 为 F 分布的上 α 分位点.

F 分布的上 α 分位点如图 2-7 所示.

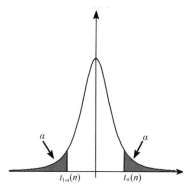

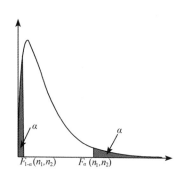

图 2-6 t 分布的上 α 分位点 　　　　图 2-7 F 分布的上 α 分位点

利用 F 分布的性质,容易证明

$$F_{1-\alpha}(n,m) = \frac{1}{F_\alpha(m,n)}.$$

例 2.7 给定 $\alpha = 0.01$,查表求 $F_\alpha(10,8)$ 和 $F_{1-\alpha}(10,8)$ 的值.

解 查 F 分布表(附表 4)可知,

$$F_{0.01}(10,8) = 5.81,$$

但表中查不到 $F_{0.99}(10,8)$ 的值,即只能查到右侧尾部的分位点值.由

$$F_{1-\alpha}(n,m)=\frac{1}{F_{\alpha}(m,n)},$$

得

$$F_{0.99}(10,8)=\frac{1}{F_{0.01}(8,10)}=\frac{1}{5.06}=0.197\ 61.$$

综合以上 4 个定义,可以看出它们的形式可以统一为下面的定义.

定义 2.10　设 X 为一个连续型随机变量,若对 $\alpha \in (0,1)$,实数 X_{α} 满足

$$P(X>X_{\alpha})=\alpha,$$

则称点 X_{α} 为 X 的**上 α 分位点**.

注意定义 2.10 中约定 X 为一个连续型随机变量,因此 $>$ 与 $\geqslant$ 对应的事件的概率相等,故可以混用而不予区分. 由定义 2.10 可以得到下面几个等式.

(1) $P(X>X_{\alpha})=\alpha$,

(2) $P(X<X_{1-\alpha})=\alpha$,

(3) $P(X<X_{1-\alpha/2}$ 或 $X>X_{\alpha/2})=\alpha$,

(4) $P(X<X_{\alpha})=1-\alpha$,

(5) $P(X>X_{1-\alpha})=1-\alpha$,

(6) $P(X_{1-\alpha/2}<X<X_{\alpha/2})=1-\alpha$.

前三个等式将用于处理假设检验问题,后三个等式将用于处理区间估计问题.

2.5　次序统计量及其分布

除了样本矩以外,另一类常见的统计量是次序统计量. 次序统计量可以生成某些估计量和检验统计量,在实际和理论中有着广泛的应用.

次序统计量及其
分布 联合分布

定义 2.11　设 $X_1,X_2,\cdots,X_n$ 是取自总体 X 的一个样本,$X_{(i)}$ 称为该样本的第 i 个次序统计量,它的取值 $x_{(i)}$ 是将样本观测值 $x_1,x_2,\cdots,x_n$ 由小到大排列后得到的 $x_{(1)},x_{(2)},\cdots,x_{(n)}$ 的第 i 个观测值. $(X_{(1)},X_{(2)},\cdots,X_{(n)})$ 称为该样本的次序统计量,$X_{(1)}$ 称为该样本的最小次序统计量,$X_{(n)}$ 称为该样本的最大次序统计量.

容易判断,在一个(简单随机)样本中,$X_1,X_2,\cdots,X_n$ 是独立同分布的,而次序统计量 $(X_{(1)},X_{(2)},\cdots,X_{(n)})$ 则既不相互独立,分布也不相同. 接下来,我们讨论次序统计量的抽样分布. 离散型总体的情形多采用归纳总结的方法,此处略去. 下面

仅就总体 X 的分布为连续型情况进行叙述.

1. 单个次序统计量的分布

定理 2.3 设总体 X 的分布函数为 $F(x)$,密度函数为 $f(x)$, $X_1,X_2,\cdots,X_n$ 为样本,则第 k 个次序统计量 $X_{(k)}$ 的密度函数为

$$f_k(x)=\frac{n!}{(k-1)!\,(n-k)!}[F(x)]^{k-1}[1-F(x)]^{n-k}f(x),x\in\mathbf{R}.$$

证明方法可由概率元方法及分组数得到,细节此处略去.

最小次序统计量 $X_{(1)}$ 和最大次序统计量 $X_{(n)}$ 的密度函数分别为

$$f_1(x)=n[1-F(x)]^{n-1}f(x),x\in\mathbf{R},$$

$$f_n(x)=n[F(x)]^{n-1}f(x),x\in\mathbf{R}.$$

例 2.8 设总体密度函数为

$$f(x)=3x^2\quad(0<x<1),$$

现从该总体抽得一个容量为 5 的样本,试求出 $X_{(3)}$ 的分布,并计算

$$P\left(X_{(3)}<\frac{1}{2}\right).$$

解 我们首先应求出 $X_{(3)}$ 的密度函数.由总体密度函数求出总体分布函数为

$$F(x)=\begin{cases}0,&x\leqslant0,\\x^3,&0<x<1,\\1,&x\geqslant1.\end{cases}$$

由此可以得到 $X_{(3)}$ 的密度函数为

$$\begin{aligned}f_3(x)&=\frac{5!}{(3-1)!\,(5-3)!}[F(x)]^{3-1}[1-F(x)]^{5-3}f(x)\\&=30\cdot x^6\cdot3x^2\cdot(1-x^3)^2\\&=90x^8(1-x^3)^2\quad(0<x<1),\end{aligned}$$

于是

$$P\left(X_{(3)}<\frac{1}{2}\right)=\int_0^{\frac{1}{2}}90x^8(1-x^3)^2\mathrm{d}x=0.016\,052\,2.$$

例 2.9 设总体分布为 $U(0,1)$,$X_1,X_2,\cdots,X_n$ 为样本,则其第 k 个次序统计量的密度函数为

$$f_k(x)=\frac{n!}{(k-1)!\,(n-k)!}x^{k-1}(1-x)^{n-k}\quad(0<x<1),$$

因 $\Gamma(n+1)=n!$，这就是 β 分布 $Be(k,n-k+1)$，从而有

$$E(X_{(k)})=\frac{k}{n+1}.$$

例 2.9 说明分布 $U(0,1)$ 是 β 分布的一个特例，同时正整数自由度的 β 分布可由 $U(0,1)$ 生成.

2. 多个次序统计量的联合分布

下面我们讨论任意两个次序统计量的联合分布. 对 3 个或 3 个以上次序统计量的分布可参照进行.

定理 2.4 在定理 2.3 的记号下，次序统计量 $(X_{(i)},X_{(j)})(i<j)$ 的联合分布密度函数为

$$f_{ij}(y,z)=\frac{n!}{(i-1)!\ (j-i-1)!\ (n-j)!}[F(y)]^{i-1}.$$
$$[F(z)-F(y)]^{j-i-1}[1-F(z)]^{n-j}f(y)f(z)\quad(y\leqslant z).$$

证明略.

在实际问题中会用到一些次序统计量的函数，如 $R_n=X_{(n)}-X_{(1)}$ 称为样本极差. 样本极差是一个很常用的统计量，可以估计总体的取值范围. 要推导这个统计量的分布，只要使用求随机变量函数的分布的求法即可解决.

次序统计量及其
分布 样本极差

定理 2.5 在定理 2.3 的记号下，次序统计量 $(X_{(1)},X_{(2)},\cdots,X_{(n)})$ 的联合分布密度函数为

$$f_{1,2,\cdots,n}(x_1,x_2,\cdots,x_n)=n!\ f(x_1)f(x_2)\cdots f(x_n)\quad(x_1\leqslant x_2\leqslant\cdots\leqslant x_n).$$

2.6　经验分布函数

设 $X_1,X_2,\cdots,X_n$ 是取自总体分布函数为 $F(x)$ 的样本，其次序统计量为 $X_{(1)},X_{(2)},\cdots,X_{(n)}$，用有序样本定义函数如下：

$$F_n(x)=\begin{cases}0,&x<X_{(1)},\\ \dfrac{k}{n},&X_{(k)}\leqslant x<X_{(k+1)}\quad(k=1,2,\cdots,n-1),\\ 1,&x\geqslant X_{(n)},\end{cases}$$

经验分布
函数 定义

则 $F_n(x)$ 是一非减右连续函数,且满足 $F_n(-\infty)=0$, $F_n(+\infty)=1$. 由此可见, $F_n(x)$ 是一个分布函数,称 $F_n(x)$ 为经验分布函数. $F_n(x)$ 是一种用于近似总体未知分布 $F(x)$ 的统计量.

$n=5$ 时的经验分布函数的图形如图 2-8 所示.

经验分布
函数 性质

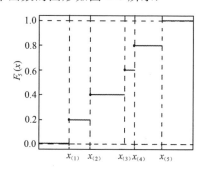

图 2-8　经验分布函数

例 2.10　某工厂生产一种零件,现从生产线上随机抽取 6 个零件,称得其净重为(单位:g)

$$12.5, 11.9, 12.3, 11.7, 12.1, 12.2.$$

这是一个容量为 6 的样本,经排序可得有序样本:

$$X_{(1)}=11.7, \quad X_{(2)}=11.9, \quad X_{(3)}=12.1,$$
$$X_{(4)}=12.2, \quad X_{(5)}=12.3, \quad X_{(6)}=12.5.$$

其经验分布函数为

$$F_6(x)=\begin{cases} 0, & x<11.7, \\[2mm] \dfrac{1}{6}, & 11.7 \leqslant x<11.9, \\[2mm] \dfrac{1}{3}, & 11.9 \leqslant x<12.1, \\[2mm] \dfrac{1}{2}, & 12.1 \leqslant x<12.2, \\[2mm] \dfrac{2}{3}, & 12.2 \leqslant x<12.3, \\[2mm] \dfrac{5}{6}, & 12.3 \leqslant x<12.5, \\[2mm] 1, & x \geqslant 12.5. \end{cases}$$

对每一固定的 x，$F_n(x)$ 是样本事件中 $\{X_i \leqslant x\}$ 发生的频率. 当 n 固定时，$F_n(x)$ 是样本的函数，它是一个随机变量，由伯努利大数定律知，当 $n \to +\infty$ 时，$F_n(x)$ 依概率收敛于 $F(x)$. 更深刻的结果也是存在的，这就是格里汶科定理.

定理 2.6（格里汶科定理）　当 $n \to +\infty$ 时，经验分布函数 $F_n(x)$ 关于所有 x 一致地依概率 1 收敛到 $F(x)$，即对任意 $\varepsilon > 0$，有

$$P\left\{\lim_{n \to +\infty} \sup_{-\infty < x < +\infty} |F_n(x) - F(x)| = 0\right\} = 1,$$

其中记号"sup"表示上确界.

此定理的证明超出了本课程要求范围，故略去.

2.7　充分统计量

统计量是样本的函数，是把样本中的信息进行加工处理的结果，它以简洁的形式服务于统计推断，人们自然希望这种加工处理的简化过程不会损失掉原来样本中的信息. 不损失信息的统计量就称为充分统计量. 下面对"不损失信息"给出明确的数学含义.

充分统计量 定义

定义 2.12　总体分布函数为 $F(x;\theta)$，设 $X_1, X_2, \cdots, X_n$ 是来自该总体的样本，若在给定 T 的取值后，$X_1, X_2, \cdots, X_n$ 的条件分布与参数 θ 无关，则统计量 $T = T(X_1, X_2, \cdots, X_n)$ 称为 θ 的充分统计量.

在确定了分布类型后，条件分布可通过条件分布列或条件密度函数来表示.

例 2.11　设 $X_1, X_2, \cdots, X_n$ 是来自总体 $X \sim B(1, p)$ 的样本，令 $T = \sum_{i=1}^{n} X_i$，则 $T \sim B(n, p)$，易计算 $X_1, X_2, \cdots, X_n$ 在给定 $T = t$ 时的条件分布列为

$$P(X_1 = x_1, \cdots, X_n = x_n \mid T = t)$$

$$= \frac{P(X_1 = x_1, \cdots, X_n = x_n, T = t)}{P(T = t)}$$

$$= \frac{p^{x_1}(1-p)^{1-x_1} \cdots p^{x_{n-1}}(1-p)^{1-x_{n-1}} p^{t-\sum_{i=1}^{n-1} x_i}(1-p)^{1-t+\sum_{i=1}^{n-1} x_i}}{\mathrm{C}_n^t p^t (1-p)^{n-t}}$$

$$= \frac{1}{\mathrm{C}_n^t},$$

其中 $t = \sum\limits_{i=1}^{n} x_i$. 此条件分布列与参数 p 无关,因此 T 为 p 的充分统计量.

例 2.12 设 $X_1, X_2, \cdots, X_n$ 是来自总体 $X \sim N(\mu, 1)$ 的样本,统计量 $T = \overline{X}$,则 $T \sim N\left(\mu, \dfrac{1}{n}\right)$,易计算 $X_1, X_2, \cdots, X_n$ 在给定 $T = t$ 时的条件密度为

$$
\begin{aligned}
f_\mu(x_1, x_2, \cdots, x_n \mid T = t) &= \frac{f_\mu(x_1, x_2, \cdots, x_n)}{f_\mu(T = t)} \\
&= \frac{(2\pi)^{-\frac{n}{2}} \exp\{-\dfrac{1}{2} \sum\limits_{i=1}^{n} (x_i - \mu)^2\}}{(2\pi/n)^{-1/2} \exp\{-\dfrac{n}{2}(t - \mu)^2\}} \\
&= \sqrt{n}\,(2\pi)^{-(n-1)/2} \exp\left\{-\frac{1}{2} \sum_{i=1}^{n} (x_i - t)^2\right\}.
\end{aligned}
$$

此条件密度与参数 μ 无关,这说明 $\overline{X}$ 是 μ 的充分统计量,其中最后一个等式成立是因为有如下的平方和分解:

$$
\sum_{i=1}^{n} (x_i - \mu)^2 = \sum_{i=1}^{n} (x_i - t)^2 + n(t - \mu)^2.
$$

大多数问题中,直接由定义出发验证一个统计量是否充分是困难的,因为条件分布的计算通常不那么容易. 有一个简单办法判断一个统计量是否充分,这就是下面的因子分解定理. 为记号简便,首先引入一个在两种分布类型中通用的概念,即概率函数. $p(x)$ 称为随机变量 X 的概率函数:对于连续型随机变量,$p(x)$ 表示 X 的密度函数;对于离散型随机变量,$p(x)$ 表示 X 的分布列.

充分统计量
因子分解定理

定理 2.7(因子分解定理) 设总体概率函数为 $p(x; \theta)$,θ 为参数,$X_1, X_2, \cdots, X_n$ 为样本,则 $T = T(X_1, X_2, \cdots, X_n)$ 为充分统计量的充分必要条件是对任意的 θ,存在两个函数 $g(t, \theta)$ 和 $h(x_1, x_2, \cdots, x_n)$,有

$$
p(x_1, x_2, \cdots, x_n; \theta) = g(T(x_1, x_2, \cdots, x_n), \theta) h(x_1, x_2, \cdots, x_n),
$$

其中 $g(t, \theta)$ 是通过统计量 T 的取值而依赖于样本的.

例 2.13 设 $X_1, X_2, \cdots, X_n$ 是取自总体 $X \sim P(\lambda)$ 的样本,参数为 λ,即总体的分布列为

$$
P(X = x) = \frac{\lambda^x}{x!} e^{-\lambda} \quad (x > 0),
$$

于是样本的联合分布列为

$$P(X_1=x_1,\cdots,X_n=x_n)=\prod_{i=1}^{n}\frac{\lambda^{x_i}}{x_i!}\mathrm{e}^{-\lambda}=\Big(\prod_{i=1}^{n}\frac{1}{x_i!}\Big)\lambda^{\sum\limits_{i=1}^{n}x_i}\mathrm{e}^{-n\lambda}.$$

取 $t=\sum\limits_{i=1}^{n}x_i$，并令

$$g(t,\lambda)=\lambda^t\mathrm{e}^{-n\lambda},\quad h(x_1,x_2,\cdots,x_n)=\prod_{i=1}^{n}\frac{1}{x_i!},$$

由因子分解定理知 $T=\sum\limits_{i=1}^{n}X_i$ 是参数 λ 的充分统计量.

例 2.14　设 $X_1,X_2,\cdots,X_n$ 是取自总体 $U(0,\theta)$ 的样本，即总体的密度函数为

充分统计量 例题

$$f(x;\theta)=\begin{cases}1/\theta,&0<x<\theta,\\0,&其他.\end{cases}$$

于是样本的联合密度函数为

$$f(x_1,x_2,\cdots,x_n;\theta)=\begin{cases}(1/\theta)^n,&0<\min\{x_i\}\leqslant\max\{x_i\}<\theta,\\0,&其他.\end{cases}$$

由于所有的 $x_i>0$，所以我们可将上式改写为

$$f(x_1,x_2,\cdots,x_n;\theta)=(1/\theta)^nI_{\{x_{(n)}<\theta\}}.$$

取 $t=x_{(n)}$，并令 $g(t,\theta)=(1/\theta)^nI_{\{t<\theta\}}$，$h(x_1,x_2,\cdots,x_n)=1$，由因子分解定理知 $T=X_{(n)}$ 是参数 θ 的充分统计量.

例 2.15　设 $X_1,X_2,\cdots,X_n$ 是取自总体 $N(\mu,\sigma^2)$ 的样本，$\theta=(\mu,\sigma^2)$ 是未知参数，则联合密度函数为

$$f(x_1,x_2,\cdots,x_n;\theta)=(2\pi\sigma^2)^{-\frac{n}{2}}\exp\left\{-\frac{1}{2\sigma^2}\sum_{i=1}^{n}(x_i-\mu)^2\right\}$$

$$=(2\pi\sigma^2)^{-\frac{n}{2}}\exp\left\{-\frac{n\mu^2}{2\sigma^2}\right\}\exp\left\{-\frac{1}{2\sigma^2}\Big(\sum_{i=1}^{n}x_i^2-2\mu\sum_{i=1}^{n}x_i\Big)\right\}.$$

取 $t_1=\sum\limits_{i=1}^{n}x_i,t_2=\sum\limits_{i=1}^{n}x_i^2$，并令

$$g(t_1,t_2,\theta)=(2\pi\sigma^2)^{-\frac{n}{2}}\exp\left\{-\frac{n\mu^2}{2\sigma^2}\right\}\exp\left\{-\frac{1}{2\sigma^2}(t_2-2\mu t_1)\right\},$$

$$h(x_1,x_2,\cdots,x_n)=1,$$

则由因子分解定理知，$T = (\sum\limits_{i=1}^{n} X_i, \sum\limits_{i=1}^{n} X_i^2)$ 是参数 $\theta = (\mu, \sigma^2)$ 的充分统计量.

统计学家小传

托马斯·贝叶斯(Thomas Bayes, 1702—1761), 1702 年出生于英国伦敦, 1761 年 4 月 17 日逝世. 1719 年入读爱丁堡大学, 1742 年成为英国皇家学会会员. 英国数学家、数理统计学家和哲学家, 概率论理论创始人, 贝叶斯统计的创立者.

贝叶斯首先将归纳推理法用于概率论基础理论, 并创立了贝叶斯统计理论, 对于参数估计等做出了贡献. 1763 年, 由 Richard Price 整理发表了贝叶斯的成果《An Essay towards solving a Problem in the Doctrine of Chances》, 提出贝叶斯公式, 这对于现代概率论和数理统计都有很重要的作用. 贝叶斯公式以及由此发展起来的一整套理论与方法, 已经成为数理统计中的贝叶斯学派, 在自然科学及国民经济的许多领域中有着广泛应用.

习　题

1. 设 $X_1, X_2, \cdots, X_6$ 是来自 $(0, \theta)$ 上的均匀分布的样本, $\theta > 0$ 未知. 指出下列样本函数中哪些是统计量, 哪些不是? 为什么?

(1) $T_1 = \max\{X_1, X_2, \cdots, X_6\}$; (2) $T_2 = X_6 - \theta$; (3) $T_3 = X_6 - E(X_1)$.

2. 证明: 样本方差 $S^2 = \dfrac{1}{n-1} \sum\limits_{i=1}^{n} (X_i - \overline{X})^2 = \dfrac{1}{n-1} (\sum\limits_{i=1}^{n} X_i^2 - n\overline{X}^2)$.

3. 设样本的一组观测值是: 0.5, 1, 0.7, 0.6, 1, 1, 写出样本均值、样本方差和标准差.

4. 设总体 X 服从泊松分布 $P(\lambda)$, $\overline{X}$ 是容量为 n 的样本的均值, 求 $E(\overline{X})$, $\text{Var}(\overline{X})$.

5. 设总体 X 服从均匀分布 $U(-1, 1)$, $\overline{X}$ 是容量为 n 的样本的均值, 求 $E(\overline{X})$, $\text{Var}(\overline{X})$.

6. 已知 $X \sim t(n)$, 证明: $X^2 \sim F(1, n)$.

7. 利用 F 分布的性质, 证明: $F_{1-\alpha}(n_1, n_2) = \dfrac{1}{F_\alpha(n_2, n_1)}$.

8. 设总体 X 的密度函数为 $f(x) = 2x(0 < x < 1)$，X_1, X_2, X_3 为样本，求：

(1) 次序统计量 $X_{(2)}$ 的密度函数；

(2) 次序统计量 $X_{(2)}$ 小于 0.5 的概率；

(3) 次序统计量 $(X_{(2)}, X_{(3)})$ 的联合密度函数及其相关系数；

(4) 给定 $X_{(3)} = x_3$ 时，$X_{(2)}$ 的条件密度函数及其条件期望.

9. 设总体 $X \sim N(0,1)$，$X_1, X_2, \cdots, X_n$ 为样本，试证 $U = n\overline{X}^2 + (n-1)S^2$ 服从 $\chi^2(n)$ 分布.

10. 设总体 $X \sim N(25, 2^2)$，$X_1, X_2, \cdots, X_{16}$ 为简单随机样本，$\overline{X}$ 为样本均值，求：(1) $\overline{X}$ 的数学期望与方差；(2) $P(|\overline{X} - 25| \leqslant 0.3)$.

11. 从正态总体 $N(4.2, 5^2)$ 中抽取容量为 n 的样本，若要求其样本均值位于区间 $(2.2, 6.2)$ 内的概率不小于 0.95，则样本容量 n 至少取多大？

12. 设两个总体 X, Y 都服从 $N(20,3)$，今分别从两总体中抽容量为 10 和 15 的相互独立的样本，求 $P(|\overline{X} - \overline{Y}| > 0.3)$.

13. 设 $X_1, X_2, \cdots, X_n, X_{n+1}, \cdots, X_{n+m}$ 为总体 $X \sim N(0, \sigma^2)$ 的样本.求非零常数 a 与 b，使得 $a \sum\limits_{i=1}^{n} X_i^2 + b \left(\sum\limits_{i=n+1}^{n+m} X_i \right)^2$ 服从 χ^2 分布，并求自由度.

14. 设总体 $X \sim N(\mu, 4^2)$，$X_1, X_2, \cdots, X_{10}$ 是来自总体 X 的简单随机样本，S^2 是样本方差.已知 $P(S^2 > a) = 0.1$，求 a.

15. 设总体 $X \sim N(\mu_1, \sigma^2)$，总体 $Y \sim N(\mu_2, \sigma^2)$，$X_1, X_2, \cdots, X_{n_1}$ 和 $Y_1, Y_2, \cdots, Y_{n_2}$ 是分别来自总体 X 和 Y 的简单随机样本，两组样本相互独立，求 $\sum\limits_{i=1}^{n_1} (X_i - \overline{X})^2 + \sum\limits_{j=1}^{n_2} (Y_j - \overline{Y})^2$ 的数学期望.

16. 设总体的概率密度为 $f(x) = \dfrac{1}{2} e^{-|x|}$ $(-\infty < x < +\infty)$，$X_1, X_2, \cdots, X_n$ 为总体 X 的简单随机样本，其样本方差为 S^2，求 $E(S^2)$.

17. 设总体 $X \sim N(\mu, \sigma^2)$，$X_1, X_2, \cdots, X_{2n}(n \geqslant 2)$ 是总体 X 的一个样本，$\overline{X} = \dfrac{1}{2n} \sum\limits_{i=1}^{2n} X_i$，令 $Y = \sum\limits_{i=1}^{n} (X_i + X_{n+i} - 2\overline{X})^2$，求 $E(Y)$.

18. 设总体 $X \sim N(\mu_1, \sigma^2)$ 与总体 $Y \sim N(\mu_2, \sigma^2)$，$X_1, X_2, \cdots, X_n$ 与 $Y_1, Y_2, \cdots, Y_m$ 分别为 X 与 Y 的样本，两组样本相互独立，α, β 为常数，证明

$$T = \frac{\alpha(\overline{X} - \mu_1) + \beta(\overline{Y} - \mu_2)}{\sqrt{\dfrac{(n-1)S_1^2 + (m-1)S_2^2}{n+m-2}}\sqrt{\dfrac{\alpha^2}{n} + \dfrac{\beta^2}{m}}}$$

服从自由度为 $n+m-2$ 的 t 分布.

19. 设总体 $X \sim B(m, p), m$ 已知, $X_1, X_2, \cdots, X_n$ 为样本, 试求参数 p 的充分统计量.

第3章

参数点估计及其优良性

　　数理统计的主要任务是通过样本信息来推断总体的特征,即统计推断工作.总体是由随机变量及其分布函数来刻画的.在实际问题中,可以根据问题本身的背景,确定该随机现象的总体所具有的分布类型.虽然总体分布类型已知,但总体中某些参数却仍是未知的,例如,以 X 表示某地区居民的身高,并假设 X 服从的分布类型已知,即服从正态分布 $N(\mu, \sigma^2)$,而参数 μ 和 σ^2 未知,那么如何确定参数 μ 和 σ^2 呢? 一般来说,μ 和 σ^2 不可能精确给出,而是需要通过对从总体中抽取的样本进行估计,从而对总体做出推断,这类问题称为参数估计问题.参数估计问题中的参数不仅指分布 $F(x; \theta)$ 中的参数 θ,也包括 θ 的函数 $g(\theta)$,或数字特征如数学期望 $E(X)$ 和方差 $\mathrm{Var}(X)$ 等.

　　参数估计是统计推断的核心问题之一,方法大体上有两类:点估计与区间估计.本章主要介绍参数点估计的概念、方法及其评价标准.

3.1　点估计

　　点估计即是通过样本求出总体参数的一个具体估计量,若代入具体观测值即得到估计值.要得出参数的估计值,首先要构造参数的估计量.具体做法如下:设总体 X 的分布函数 $F(x; \theta)$ 形式已知,其中含有一个未知参数 θ.为了估计参数 θ,首先从总体 X 中抽取样本 $X_1, X_2, \cdots, X_n$,然后按照一定的方法构造合适的统计量 $T(X_1, X_2, \cdots, X_n)$ 作为 θ 的估计量,记为 $\hat{\theta} = T(X_1, X_2, \cdots, X_n)$.代入样本观测值 $x_1, x_2, \cdots, x_n$,即得到 θ 的估计值 $\hat{\theta} = T(x_1, x_2, \cdots, x_n)$.

参数 θ 的估计量和估计值统称为 θ 的点估计. 下面介绍两种应用广泛的点估计方法.

矩估计
矩估计方法介绍

3.1.1 矩估计法

矩估计法是由英国统计学家皮尔逊提出的, 其基本思想是替换原理, 即用样本原点矩替换同阶的总体原点矩.

1. 单参数情形

设总体 X 的分布为 $F(x;\theta)$, θ 为待估参数, $X_1, X_2, \cdots, X_n$ 为来自总体的样本. 如果总体 X 的数学期望 $E(X)$ 存在, 那么一般来说 $E(X)$ 应为 θ 的函数 $h(\theta)$. 由于 $X_1, X_2, \cdots, X_n$ 相互独立且与总体同分布, 则由大数定律知, 当 $n \to \infty$ 时, 样本均值 $\overline{X} = \dfrac{1}{n}\sum_{i=1}^{n} X_i$ 依概率收敛于总体均值 $E(X) = h(\theta)$, 于是可令

$$E(X) = \overline{X},$$

即

$$h(\theta) = \overline{X},$$

再解此方程求出 $\theta = h^{-1}(\overline{X})$, 记为 $\hat{\theta}$.

所谓估计量即是样本的函数, 因此 $\hat{\theta}$ 一定是用样本 $X_1, X_2, \cdots, X_n$ 来表示的.

例 3.1 设总体 X 的分布列为

X	1	2	3
P	θ^2	$2\theta(1-\theta)$	$(1-\theta)^2$

其中 $0 < \theta < 1$ 为未知参数. 若抽样获得样本观测值为 $x_1 = 1, x_2 = 2, x_3 = 3$, 试求参数 θ 的矩估计值.

解 由总体 X 的分布列可得

$$E(X) = \theta^2 + 2 \cdot 2\theta(1-\theta) + 3 \cdot (1-\theta)^2 = 3 - 2\theta,$$

于是令 $E(X) = 3 - 2\theta = \overline{X}$, 可得 θ 的矩估计量为

$$\hat{\theta} = \frac{3 - \overline{X}}{2}.$$

因已取得样本观测值为 $x_1 = 1, x_2 = 2, x_3 = 3$, 可知

$$\overline{x} = \frac{1 + 2 + 3}{3} = 2,$$

从而得到 θ 的矩估计值为 $\hat{\theta} = \dfrac{3-2}{2} = \dfrac{1}{2}$.

矩估计 例题(1)

例 3.2　设总体 X 的概率密度函数为

$$f(x;\theta) = \begin{cases} (\theta+1)x^{\theta}, & 0 < x < 1, \\ 0, & \text{其他}, \end{cases}$$

其中 $\theta > -1$ 为未知参数, $X_1, X_2, \cdots, X_n$ 为来自总体 X 的一个样本. 求参数 θ 的矩估计量.

解　由于

$$E(X) = \int_{-\infty}^{+\infty} x f(x;\theta)\,\mathrm{d}x = \int_0^1 x(\theta+1)x^{\theta}\,\mathrm{d}x$$

$$= \int_0^1 (\theta+1)x^{\theta+1}\,\mathrm{d}x = \frac{\theta+1}{\theta+2},$$

则令 $E(X) = \overline{X}$,解得 θ 的矩估计量为 $\hat{\theta} = \dfrac{1-2\overline{X}}{\overline{X}-1}$.

思考一下,若总体 X 服从泊松分布 $P(\lambda)$,求参数 λ 的矩估计量. 而已知 $E(X) = \mathrm{Var}(X) = \lambda$,也即 $E(X) = \lambda$,$E(X^2) = \lambda + \lambda^2$,则可利用一阶矩或二阶矩来求矩估计量. 这两个估计可能结果不同,也就存在取舍的问题,此时原则上尽量选择低阶矩.

2. 多参数情形

如果总体 X 分布中的未知参数多于一个,假设有 k 个: $\theta_1, \theta_2, \cdots, \theta_k$,做法类似. 此时假设总体 X 的前 k 阶矩 $E(X^i)(i = 1, 2, \cdots, k)$ 都存在,$X_1, X_2, \cdots, X_n$ 为来自总体 X 的一个样本,可知 $X_1^i, X_2^i, \cdots, X_n^i$ 仍为独立同分布的,则由大数定律知,各阶样本矩依概率收敛于同阶总体矩,于是令各阶样本矩与同阶总体矩相等,即

$$E(X^i) = A_i = \frac{1}{n}\sum_{j=1}^{n} X_j^i \quad (i = 1, 2, \cdots, k).$$

由于 $E(X^i)$ 都是 $\theta_1, \theta_2, \cdots, \theta_k$ 的函数,因此从上面 k 个方程中求出参数 $\theta_1, \theta_2, \cdots, \theta_k$,即可得到其对应的矩估计量.

例 3.3　设总体 $X \sim U(a,b)$,其中 $a < b$ 为未知参数,$X_1, X_2, \cdots, X_n$ 为来自总体 X 的一个样本. 求参数 a 和 b 的矩估计量.

解　由于 $X \sim U(a,b)$,则

$$E(X) = \frac{a+b}{2},$$

$$E(X^2) = \mathrm{Var}(X) + [E(X)]^2 = \frac{(b-a)^2}{12} + \left(\frac{a+b}{2}\right)^2.$$

令

$$\begin{cases} E(X) = \overline{X}, \\ E(X^2) = A_2, \end{cases}$$

即

$$\begin{cases} \dfrac{a+b}{2} = \overline{X}, \\ \dfrac{(b-a)^2}{12} + \left(\dfrac{a+b}{2}\right)^2 = \dfrac{1}{n}\sum_{i=1}^{n} X_i^2, \end{cases}$$

从而解得 a 和 b 的矩估计量为

$$\begin{cases} \hat{a} = \overline{X} - \sqrt{\dfrac{3}{n}\sum_{i=1}^{n}(X_i - \overline{X})^2}, \\ \hat{b} = \overline{X} + \sqrt{\dfrac{3}{n}\sum_{i=1}^{n}(X_i - \overline{X})^2}. \end{cases}$$

例 3.4 设总体为 X，均值 $E(X) = \mu$ 和方差 $\mathrm{Var}(X) = \sigma^2$ 存在. $X_1, X_2, \cdots,$ X_n 为来自总体 X 的一个样本. 求参数 μ 和 σ^2 的矩估计量.

解 由

$$\begin{cases} E(X) = \overline{X}, \\ E(X^2) = \mathrm{Var}(X) + [E(X)]^2 = A_2, \end{cases}$$

即

$$\begin{cases} \mu = \overline{X}, \\ \sigma^2 + \mu^2 = \dfrac{1}{n}\sum_{i=1}^{n} X_i^2, \end{cases}$$

解得 μ 和 σ^2 的矩估计量为

$$\begin{cases} \hat{\mu} = \overline{X}, \\ \hat{\sigma}^2 = \dfrac{1}{n}\sum_{i=1}^{n} X_i^2 - (\overline{X})^2 = \dfrac{1}{n}\sum_{i=1}^{n}(X_i - \overline{X})^2. \end{cases}$$

注意本例所得方差的估计式与前面介绍的样本方差 $S^2 = \dfrac{1}{n-1}\sum_{i=1}^{n}(X_i - \overline{X})^2$

稀有区别.

　　矩估计法直观而又简单,适用性广,特别是估计总体数字特征时直接用到的仅仅是总体的原点矩,而无须知道总体分布的具体形式.但矩估计法也有缺点,它要求总体矩存在,否则不能使用.当分布类型未知而矩条件已知时,矩估计法是一种常用的有效的点估计方法.下面介绍当分布类型已知时的估计方法.

3.1.2　极大似然估计法

　　极大似然估计法也叫作最大似然估计法,是点估计的另一种方法.它是由英国统计学家费希尔提出的.费希尔证明了极大似然估计法的一些性质,使得该方法得到了很大的发展.

　　极大似然估计法建立在极大似然原理的基础之上.极大似然原理的直观方法是:设一个随机试验有若干个可能的结果 $x_1, x_2, \cdots, x_n$,若在一次试验中,结果 x_k 出现,则一般认为试验对 x_k 出现有利,即 x_k 出现的概率较大.这里用到了"概率最大的事件最可能出现"的直观想法.下面用一个例子说明极大似然估计的思想方法.

　　假设存在一个服从离散型分布的总体 X,不妨设 $X \sim B(4, p)$,其中参数 p 未知,则 X 的所有可能取值为 $0, 1, 2, 3, 4$,取值的概率与参数 p 有关.现抽取容量为3的样本 X_1, X_2, X_3,如果出现的样本观测值为 $1, 2, 1$,可见取值偏小,此时 p 的取值如何估计比较合理?

　　考虑这样的问题:出现的样本观测值为什么是 $1, 2, 1$,而不是另外一组数?设事件 $A = \{X_1 = 1, X_2 = 2, X_3 = 1\}$,应用概率论的思想,大概率事件发生的可能性当然比小概率事件发生的可能性大.现在事件 A 发生了,则可以认为 A 发生的概率比较大,即

$$P(A) = P(X_1 = 1, X_2 = 2, X_3 = 1)$$
$$= P(X_1 = 1)P(X_2 = 2)P(X_3 = 1) = 96p^4(1-p)^8$$

应该比较大.换句话说,p 的取值应该使得 $96p^4(1-p)^8$ 较大才对.通过计算可知,当 $p = \dfrac{1}{3}$ 时,$96p^4(1-p)^8$ 取得最大值.所以有理由认为 $p = \dfrac{1}{3}$ 有利于事件 A 出现,p 的值应该在 $\dfrac{1}{3}$ 左右比较合理.

极大似然
估计 离散型

为了介绍极大似然估计，首先要引进一个概念.

定义 3.1 设 $X_1, X_2, \cdots, X_n$ 为来自总体 X 的简单随机样本，$x_1, x_2, \cdots, x_n$ 为样本观测值. 称

$$L(\theta) = \prod_{i=1}^{n} p(x_i; \theta)$$

为参数 θ 的似然函数. 其中，当总体 X 为离散型随机变量时，$p(x_i; \theta)$ 表示 X 的分布列，即 $P(X = x_i) = p(x_i; \theta)$；当总体 X 为连续型随机变量时，$p(x_i; \theta)$ 表示 X 的密度函数 $f(x; \theta)$ 在 x_i 处的取值 $f(x_i; \theta)$.

参数 θ 的似然函数 $L(\theta)$ 实际上就是样本 $X_1, X_2, \cdots, X_n$ 恰好取观测值 $x_1, x_2, \cdots, x_n$ 的概率. 首先考虑总体 X 为离散型随机变量时，

$$\begin{aligned}
L(\theta) &= P(X_1 = x_1, X_2 = x_2, \cdots, X_n = x_n) \\
&= P(X_1 = x_1) P(X_2 = x_2) \cdots P(X_n = x_n) \\
&= \prod_{i=1}^{n} p(x_i; \theta).
\end{aligned}$$

其次总体 X 为连续型随机变量时，计算样本 $X_1, X_2, \cdots, X_n$ 落在观测值 $x_1, x_2, \cdots, x_n$ 附近的概率. 取 Δx_i 为非常小的量，

极大似然估计
离散型例题

$$\begin{aligned}
P\left(x_i - \frac{\Delta x_i}{2} < X_i < x_i + \frac{\Delta x_i}{2}\right) &= P\left(x_i - \frac{\Delta x_i}{2} < X < x_i + \frac{\Delta x_i}{2}\right) \\
&= \int_{x_i - \frac{\Delta x_i}{2}}^{x_i + \frac{\Delta x_i}{2}} f(x; \theta) \, \mathrm{d}x \\
&\approx f(x_i; \theta) \Delta x_i.
\end{aligned}$$

于是

$$\begin{aligned}
P&\left(x_1 - \frac{\Delta x_1}{2} < X_1 < x_1 + \frac{\Delta x_1}{2}, x_2 - \frac{\Delta x_2}{2} < X_2 < x_2 + \frac{\Delta x_2}{2}, \cdots,\right. \\
&\left. x_n - \frac{\Delta x_n}{2} < X_n < x_n + \frac{\Delta x_n}{2}\right) \\
&= \prod_{i=1}^{n} P\left(x_i - \frac{\Delta x_i}{2} < X_i < x_i + \frac{\Delta x_i}{2}\right) \approx \prod_{i=1}^{n} f(x_i; \theta) \Delta x_i \\
&= L(\theta) \prod_{i=1}^{n} \Delta x_i.
\end{aligned}$$

由于 $\prod_{i=1}^{n} \Delta x_i > 0$ 且与参数 θ 无关，在考虑关于 θ 的最大值时可以省略.

利用"概率最大的事件最可能出现"的想法,结合上面的分析,我们就可以得到极大似然估计的定义如下.

定义 3.2　设 $L(\theta) = \prod_{i=1}^{n} p(x_i ; \theta)$ 为参数 θ 的似然函数,若存在一个只与样本观测值 $x_1, x_2, \cdots, x_n$ 有关的实数 $\hat{\theta}(x_1, x_2, \cdots, x_n)$,使得

极大似然估计
连续型

$$L(\hat{\theta}) = \max_{\theta} L(\theta)$$

则称 $\hat{\theta}(x_1, x_2, \cdots, x_n)$ 为参数 θ 的极大似然估计值,称 $\hat{\theta}(X_1, X_2, \cdots, X_n)$ 为参数 θ 的极大似然估计量.

由上可知,所谓极大似然估计是指通过求似然函数 $L(\theta)$ 的极大(或最大)值点来估计参数 θ 的一种方法. 另外,极大似然估计对总体中未知参数的个数没有要求,可以求一个未知参数的极大似然估计,也可以一次求出多个未知参数的极大似然估计. 需要注意的是似然函数 $L(\theta)$ 不一定有极大值点,但是必然有最大值点,所以对有些问题,利用求驻点的方法求极大似然估计可能失效.

例 3.5　求例 3.1 中 θ 的极大似然估计值.

解　由 X 的分布列知,θ 的似然函数为

极大似然估计
连续型例题

$$L(\theta) = \prod_{i=1}^{3} p(x_i ; \theta) = \theta^2 \cdot 2\theta(1-\theta) \cdot (1-\theta)^2 = 2\theta^3(1-\theta)^3,$$

求解

$$\frac{\mathrm{d}}{\mathrm{d}\theta} L(\theta) = 6\theta^2(1-\theta)^2(1-2\theta) = 0,$$

得 θ 的极大似然估计值为 $\hat{\theta} = \dfrac{1}{2}$.

值得注意的是,此结果与例 3.1 中用矩估计法得出的结果 $\hat{\theta} = \dfrac{1}{2}$ 相同.

由于似然函数 $L(\theta)$ 为多个函数乘积的形式,当 $L(\theta)$ 比较复杂时,通过直接求导数得到最(极)大值点比较困难. 为简化运算,可以考虑先对 $L(\theta)$ 取对数,得到对数似然函数 $\ln L(\theta)$. 由于 $L(\theta)$ 和 $\ln L(\theta)$ 具有相同的最(极)大值点,因此求对数似然函数的最(极)大值点即可得到 θ 的极大似然估计.

例 3.6　设总体 $X \sim P(\lambda)$,$\lambda > 0$ 为未知参数,$X_1, X_2, \cdots, X_n$ 为取自总体的一个样本,求 λ 的极大似然估计量.

解 由于 $X \sim P(\lambda)$,故 λ 的似然函数为

$$L(\lambda) = \prod_{i=1}^{n}\left(\frac{\lambda^{x_i}}{x_i!}e^{-\lambda}\right) = \frac{\lambda^{\sum\limits_{i=1}^{n}x_i}}{\prod\limits_{i=1}^{n}(x_i!)}e^{-n\lambda},$$

取对数似然函数得

$$\ln L(\lambda) = \sum_{i=1}^{n}x_i\ln\lambda - n\lambda - \sum_{i=1}^{n}\ln(x_i!),$$

求解

$$\frac{d}{d\lambda}\ln L(\lambda) = \frac{1}{\lambda}\sum_{i=1}^{n}x_i - n = 0,$$

解得

$$\lambda = \frac{1}{n}\sum_{i=1}^{n}x_i,$$

因此 λ 的极大似然估计量为

$$\hat{\lambda} = \frac{1}{n}\sum_{i=1}^{n}X_i = \overline{X}.$$

例 3.7 在例 3.2 中,假设已取得样本观测值 $x_1,x_2,\cdots,x_n$,求 θ 的极大似然估计值.

解 由于总体 X 的概率密度函数为

$$f(x;\theta) = \begin{cases} (\theta+1)x^{\theta}, & 0 < x < 1, \\ 0, & \text{其他}, \end{cases}$$

所以 θ 的似然函数为

$$L(\theta) = \prod_{i=1}^{n}[(\theta+1)x_i^{\theta}] = (\theta+1)^n\left(\prod_{i=1}^{n}x_i\right)^{\theta},$$

则对数似然函数为

$$\ln L(\theta) = n\ln(1+\theta) + \theta\sum_{i=1}^{n}\ln x_i,$$

求解

$$\frac{d}{d\theta}\ln L(\theta) = \frac{n}{1+\theta} + \sum_{i=1}^{n}\ln x_i = 0,$$

得 θ 的极大似然估计值为

$$\hat{\theta} = -\frac{n}{\sum\limits_{i=1}^{n}\ln x_i} - 1.$$

例 3.8　设总体 $X \sim N(\mu, \sigma^2)$，$X_1, X_2, \cdots, X_n$ 为来自总体的一个样本，求未知参数 μ 和 σ^2 的极大似然估计量.

解　已知总体 X 的概率密度函数为

$$f(x; \mu, \sigma^2) = \frac{1}{\sqrt{2\pi}\sigma}e^{-\frac{(x-\mu)^2}{2\sigma^2}}, x \in \mathbf{R},$$

所以 μ 和 σ^2 的似然函数为

$$L(\mu, \sigma^2) = \prod_{i=1}^{n}\left(\frac{1}{\sqrt{2\pi}\sigma}e^{-\frac{(x_i-\mu)^2}{2\sigma^2}}\right) = (2\pi\sigma^2)^{-\frac{n}{2}}e^{-\frac{1}{2\sigma^2}\sum\limits_{i=1}^{n}(x_i-\mu)^2},$$

取对数，有

$$\ln L(\mu, \sigma^2) = -\frac{n}{2}\ln 2\pi - \frac{n}{2}\ln\sigma^2 - \frac{1}{2\sigma^2}\sum_{i=1}^{n}(x_i-\mu)^2,$$

求解

$$\begin{cases} \dfrac{\partial \ln L(\mu, \sigma^2)}{\partial \mu} = \dfrac{1}{\sigma^2}\sum\limits_{i=1}^{n}(x_i-\mu) = 0, \\ \dfrac{\partial \ln L(\mu, \sigma^2)}{\partial \sigma^2} = -\dfrac{n}{2\sigma^2} + \dfrac{1}{2\sigma^4}\sum\limits_{i=1}^{n}(x_i-\mu)^2 = 0, \end{cases}$$

得

$$\begin{cases} \hat{\mu} = \dfrac{1}{n}\sum\limits_{i=1}^{n}x_i, \\ \hat{\sigma}^2 = \dfrac{1}{n}\sum\limits_{i=1}^{n}(x_i-\mu)^2, \end{cases}$$

从而可得 μ 和 σ^2 的极大似然估计量为

$$\begin{cases} \hat{\mu} = \overline{X}, \\ \hat{\sigma}^2 = \dfrac{1}{n}\sum\limits_{i=1}^{n}(X_i-\overline{X})^2. \end{cases}$$

注意到它们与相应的矩估计量是相同的.

例 3.9　设总体 X 服从区间 $[a, b]$ 上的均匀分布，$X_1, X_2, \cdots, X_n$ 为来自总体的一个样本，求参数 a, b 的极大似然估计量.

解　参数 a,b 的似然函数为

$$L(a,b)=\prod_{i=1}^{n}f(x_i;a,b)=\frac{1}{(b-a)^n}\quad(a\leqslant x_i\leqslant b;i=1,2,\cdots,n).$$

显然，当 a 越大且 b 越小时，$L(a,b)$ 越大；另一方面，由于对 $i=1,2,\cdots,n$，有

$$a\leqslant x_i\leqslant b,$$

所以

$$a\leqslant\min\{x_i\}\leqslant\max\{x_i\}\leqslant b,$$

于是，当 $a=\min\{x_i\}=x_{(1)}$，$b=\max\{x_i\}=x_{(n)}$ 时，$L(a,b)$ 取值最大，故参数 a，b 的极大似然估计量为

$$\hat{a}=X_{(1)},\quad\hat{b}=X_{(n)}.$$

本题的做法与前面的做法不一样，驻点法失效.当分布取值范围与某些参数有关时，这些参数则不能通过求导来得到极大似然估计，而要利用直接分析的方法确定极大值点.

此外，若 $\hat{\theta}$ 是 θ 的极大似然估计，且函数 $g(\theta)$ 具有反函数，则 $g(\hat{\theta})$ 为 $g(\theta)$ 的极大似然估计.

3.2　点估计优良性的评判标准

由前面的一些例子可以看到，虽然总体分布是相同的，但对同一参数采取不同的估计法，可能得到不同的估计量.从参数估计本身来看，原则上任何统计量都可以作为未知参数的估计量.那么不同的估计量中哪一个更好？如何做出选择一定要有评判标准.通常采用的标准有三个：无偏性、有效性和一致性.本书只介绍前两个评判标准.

1.无偏性

参数的估计量是一个统计量，对于不同的样本值所求得的参数估计值一般是不相同的，所以估计量也是一个随机变量.因此要确定一个估计量的优劣，就不能仅仅依赖于某一次试验的结果来衡量，而是希望这个估计量在多次试验的结果中，落在待估参数的附近，并使得多次的估计值的平均值恰好就是待估的参数，由此引出无偏性的标准.

定义 3.3　若参数 θ 的估计量 $\hat{\theta}=\hat{\theta}(X_1,X_2,\cdots,X_n)$ 满足

$$E(\hat{\theta}) = \theta,$$

则称 $\hat{\theta}$ 为 θ 的一个无偏估计量,否则就称为有偏估计量.

例 3.10　设 $X_1, X_2, \cdots, X_n$ 为总体 X 的一个样本,已知 $E(X) = \mu$, $\mathrm{Var}(X) = \sigma^2$.

(1) 证明:样本均值 $\overline{X}$ 和样本方差 S^2 分别是 μ 和 σ^2 的无偏估计量;

(2) 判定 $\dfrac{1}{n}\sum\limits_{i=1}^{n}(X_i - \overline{X})^2$ 是否是 σ^2 的无偏估计量.

解　(1) 因为

$$E(\overline{X}) = E\left(\frac{1}{n}\sum_{i=1}^{n}X_i\right) = \frac{1}{n}\sum_{i=1}^{n}E(X_i) = \frac{1}{n}\cdot n\mu = \mu,$$

$$
\begin{aligned}
E(S^2) &= E\left[\frac{1}{n-1}\sum_{i=1}^{n}(X_i - \overline{X})^2\right] \\
&= \frac{1}{n-1}E\left(\sum_{i=1}^{n}X_i^2 - n\overline{X}^2\right) = \frac{1}{n-1}\left[\sum_{i=1}^{n}E(X_i^2) - nE(\overline{X}^2)\right] \\
&= \frac{1}{n-1}\left\{\sum_{i=1}^{n}(\mu^2 + \sigma^2) - n\left[\mathrm{Var}(\overline{X}) + E^2(\overline{X})\right]\right\} \\
&= \frac{1}{n-1}(n\mu^2 + n\sigma^2 - \sigma^2 - n\mu^2) = \sigma^2,
\end{aligned}
$$

故样本均值 $\overline{X}$ 和样本方差 S^2 分别是总体均值 μ 和总体方差 σ^2 的无偏估计量.

(2) 因为

$$E\left[\frac{1}{n}\sum_{i=1}^{n}(X_i - \overline{X})^2\right] = E\left[\frac{n-1}{n}S^2\right] = \frac{n-1}{n}\sigma^2 \neq \sigma^2,$$

所以 $\dfrac{1}{n}\sum\limits_{i=1}^{n}(X_i - \overline{X})^2$ 不是 σ^2 的无偏估计量.

显然,如果将 $\dfrac{1}{n}\sum\limits_{i=1}^{n}(X_i - \overline{X})^2$ 乘以系数 $\dfrac{n}{n-1}$,就修正成一个无偏估计量,即

$$\frac{n}{n-1}\cdot\frac{1}{n}\sum_{i=1}^{n}(X_i - \overline{X})^2 = \frac{1}{n-1}\sum_{i=1}^{n}(X_i - \overline{X})^2 \text{ 是 } \sigma^2 \text{ 的无偏估计量. 这就是用} S^2 =$$

$\dfrac{1}{n-1}\sum\limits_{i=1}^{n}(X_i - \overline{X})^2$ 定义样本方差的原因.

例 3.11　设 X_1, X_2, X_3 是来自总体 X 的一个样本,问下列估计量中哪一个是总体均值 μ 的无偏估计量?

$$\hat{\mu}_1 = \frac{1}{6}X_1 + \frac{1}{3}X_2 + \frac{1}{2}X_3,$$

$$\hat{\mu}_2 = \frac{2}{5}X_1 + \frac{2}{5}X_2 + \frac{1}{5}X_3,$$

$$\hat{\mu}_3 = \frac{1}{3}X_1 + \frac{2}{9}X_2 + \frac{1}{7}X_3.$$

解　因为

$$E(\hat{\mu}_1) = E\left(\frac{1}{6}X_1 + \frac{1}{3}X_2 + \frac{1}{2}X_3\right)$$

$$= \frac{1}{6}E(X_1) + \frac{1}{3}E(X_2) + \frac{1}{2}E(X_3)$$

$$= \frac{1}{6}\mu + \frac{1}{3}\mu + \frac{1}{2}\mu = \mu,$$

同理，

$$E(\hat{\mu}_2) = \frac{2}{5}E(X_1) + \frac{2}{5}E(X_2) + \frac{1}{5}E(X_3) = \mu,$$

$$E(\hat{\mu}_3) = \frac{1}{3}E(X_1) + \frac{2}{9}E(X_2) + \frac{1}{7}E(X_3) = \frac{44}{63}\mu \neq \mu.$$

因此$\hat{\mu}_1, \hat{\mu}_2$是总体均值μ的无偏估计量，而$\hat{\mu}_3$不是总体均值μ的无偏估计量. 注意到只要系数之和为1，估计就可以满足无偏性.

例 3.12　设总体 $X \sim N(\mu, \sigma^2)$，其中 μ, σ^2 未知. $X_1, X_2, \cdots, X_6$ 为来自总体 X 的一个样本，试确定常数 C，使 $CY = C[(X_1-X_2)^2 + (X_3-X_4)^2 + (X_5-X_6)^2]$ 是 σ^2 的无偏估计量.

解　由于 X_1 和 X_2 独立同分布于 $N(\mu, \sigma^2)$，则

$$X_1 - X_2 \sim N(0, 2\sigma^2),$$

于是

$$E[(X_1-X_2)^2] = \mathrm{Var}(X_1-X_2) + [E(X_1-X_2)]^2 = 2\sigma^2,$$

同理，可得

$$E[(X_3-X_4)^2] = E[(X_5-X_6)^2] = 2\sigma^2,$$

所以

$$E\{C[(X_1-X_2)^2 + (X_3-X_4)^2 + (X_5-X_6)^2]\}$$

$$= C\{E[(X_1-X_2)^2] + E[(X_3-X_4)^2] + E[(X_5-X_6)^2]\}$$

$$= 6C\sigma^2.$$

因此，若 $CY = C[(X_1-X_2)^2 + (X_3-X_4)^2 + (X_5-X_6)^2]$ 是 σ^2 的无偏估

计量,则

$$E(CY) = 6C\sigma^2 = \sigma^2,$$

由此解得 $C = \dfrac{1}{6}$.

无偏性是对估计量的基本要求,同一参数的很多估计量可能都满足这一要求,那么哪一个无偏估计量更好呢?

2. 有效性

直观上说,如果 $\hat{\theta}_1$ 和 $\hat{\theta}_2$ 都是 θ 的无偏估计量,其取值都在 θ 周围波动. 如果 $\hat{\theta}_1$ 的取值比 $\hat{\theta}_2$ 的取值更集中地聚集在 θ 的邻近,则认为用 $\hat{\theta}_1$ 来估计 θ 比 $\hat{\theta}_2$ 更好些. 由于方差是随机变量取值与其数学期望偏离程度的度量,所以无偏估计以方差小者为好,由此引出估计量有效性的概念.

定义 3.4　设 $\hat{\theta}_1$ 和 $\hat{\theta}_2$ 都是参数 θ 的无偏估计量,如果对任意的 θ,有

$$\mathrm{Var}(\hat{\theta}_1) \leqslant \mathrm{Var}(\hat{\theta}_2),$$

则称 $\hat{\theta}_1$ 比 $\hat{\theta}_2$ 更有效.

有效性的定义指明,在期望相等的条件下,方差小者估计的效果更好.

例 3.13　试判断在例 3.11 中,总体均值 μ 的无偏估计量 $\hat{\mu}_1$ 和 $\hat{\mu}_2$ 哪一个更有效.

解　比较 $\mathrm{Var}(\hat{\mu}_1)$ 和 $\mathrm{Var}(\hat{\mu}_2)$ 的大小即可. 因为

$$\mathrm{Var}(\hat{\mu}_1) = \mathrm{Var}\Big(\frac{1}{6}X_1 + \frac{1}{3}X_2 + \frac{1}{2}X_3\Big)$$

$$= \frac{1}{36}\sigma^2 + \frac{1}{9}\sigma^2 + \frac{1}{4}\sigma^2 = \frac{7}{18}\sigma^2,$$

$$\mathrm{Var}(\hat{\mu}_2) = \mathrm{Var}\Big(\frac{2}{5}X_1 + \frac{2}{5}X_2 + \frac{1}{5}X_3\Big)$$

$$= \frac{4}{25}\sigma^2 + \frac{4}{25}\sigma^2 + \frac{1}{25}\sigma^2 = \frac{9}{25}\sigma^2,$$

则 $\mathrm{Var}(\hat{\mu}_2) < \mathrm{Var}(\hat{\mu}_1)$,故总体均值 μ 的无偏估计量 $\hat{\mu}_2$ 比无偏估计量 $\hat{\mu}_1$ 更有效.

例 3.14　设 $X_1, X_2, \cdots, X_n$ 是取自总体 X 的样本,且 $E(X) = \mu$,$\mathrm{Var}(X) = \sigma^2$. 常数列 $a_i (i = 1, 2, \cdots, n)$ 满足 $\sum\limits_{i=1}^{n} a_i = 1$.

(1) 证明:$\sum\limits_{i=1}^{n} a_i X_i$ 是 μ 的无偏估计量;

(2) 如果 $\sum\limits_{i=1}^{n}a_iX_i$ 是 μ 的无偏估计量,求 a_i,使得 $\sum\limits_{i=1}^{n}a_iX_i$ 的方差最小.

解 (1) 因为 $\sum\limits_{i=1}^{n}a_i=1$,所以

$$E\left(\sum_{i=1}^{n}a_iX_i\right)=\sum_{i=1}^{n}a_iE(X_i)=\sum_{i=1}^{n}a_i\mu=\mu\sum_{i=1}^{n}a_i=\mu,$$

可见 $\sum\limits_{i=1}^{n}a_iX_i$ 是 μ 的无偏估计量.

(2) 利用 $X_1,X_2,\cdots,X_n$ 的独立同分布性,可得

$$\mathrm{Var}\left(\sum_{i=1}^{n}a_iX_i\right)=\sum_{i=1}^{n}a_i^2\mathrm{Var}(X_i)=\sum_{i=1}^{n}a_i^2\sigma^2=\sigma^2\sum_{i=1}^{n}a_i^2.$$

为了在 $\sum\limits_{i=1}^{n}a_i=1$ 的约束下求 $\sigma^2\sum\limits_{i=1}^{n}a_i^2$ 的最小值,应用拉格朗日乘数法,为此构造目标函数

$$Q=\sigma^2\sum_{i=1}^{n}a_i^2+\lambda\left(\sum_{i=1}^{n}a_i-1\right).$$

令

$$\begin{cases}\dfrac{\partial Q}{\partial a_i}=2a_i\sigma^2+\lambda=0(i=1,2,\cdots,n),\\ \dfrac{\partial Q}{\partial \lambda}=\sum\limits_{i=1}^{n}a_i-1=0,\end{cases}$$

得到 $a_1=a_2=\cdots=a_n=\dfrac{1}{n}$,此时 $\sum\limits_{i=1}^{n}a_iX_i$ 的方差最小,即在所有形为 $\sum\limits_{i=1}^{n}a_iX_i$ 的 μ 的无偏估计量中,样本均值 $\overline{X}$ 的方差最小,且方差最小值为 $\dfrac{\sigma^2}{n}$.

例 3.15 设总体 X 服从指数分布,其概率密度函数为

$$f(x;\theta)=\begin{cases}\dfrac{1}{\theta}\mathrm{e}^{-\frac{x}{\theta}}, & x>0,\\ 0, & \text{其他},\end{cases}$$

其中 $\theta>0$ 未知,$X_1,X_2,\cdots,X_n$ 为来自总体 X 的一个样本.

(1) 证明:样本均值 $\overline{X}$ 和 $n\min\{X_i\}$ 都是 θ 的无偏估计量;

(2) 当 $n>1$ 时,问 $\overline{X}$ 与 $n\min\{X_i\}$ 哪一个更有效.

解 (1) 因为 $E(\overline{X})=E(X)=\theta$,所以样本均值 $\overline{X}$ 是 θ 的无偏估计量.

因为 $\min\{X_i\}$ 的密度函数为

$$f_1(x) = \begin{cases} \dfrac{n}{\theta}\mathrm{e}^{-\frac{n}{\theta}x}, & x > 0, \\ 0, & 其他, \end{cases}$$

所以可得

$$E(n\min\{X_i\}) = \int_{-\infty}^{+\infty} nx f_1(x)\mathrm{d}x = \int_0^{+\infty} nx\,\frac{n}{\theta}\mathrm{e}^{-\frac{n}{\theta}x}\mathrm{d}x = \theta,$$

于是 $n\min\{X_i\}$ 也是 θ 的无偏估计量.

(2) 由于 $\mathrm{Var}(\overline{X}) = \dfrac{1}{n}\mathrm{Var}(X) = \dfrac{\theta^2}{n}$，又利用 $\min\{X_i\}$ 的密度函数容易求出

$$\mathrm{Var}(n\min\{X_i\}) = \theta^2.$$

　　无偏估计的方差越小越有效，然而方差是不是可以任意小呢？或者说方差是否存在一个大于 0 的下界呢？本节先介绍费希尔信息量 $I(\theta)$，然后讲述 Cramer-Rao(C-R) 不等式，即给出正则条件下无偏估计的方差下界.

有效估计量
正则条件

　　定义 3.5　设总体的概率函数 $p(x;\theta)$ 满足下列条件：

(1) 支撑 $S = \{x : p(x;\theta) > 0\}$ 与 θ 无关；

(2) 导数 $\dfrac{\partial}{\partial\theta}p(x;\theta)$ 对一切 θ 都存在；

(3) 对 $p(x;\theta)$，积分和微分运算可交换次序，即

$$\frac{\partial}{\partial\theta}\int_{-\infty}^{+\infty} p(x;\theta)\mathrm{d}x = \int_{-\infty}^{+\infty} \frac{\partial}{\partial\theta}p(x;\theta)\mathrm{d}x;$$

(4) 期望 $E\left[\dfrac{\partial}{\partial\theta}\ln p(X;\theta)\right]^2$ 存在.

则称

$$I(\theta) = E\left[\frac{\partial}{\partial\theta}\ln p(X;\theta)\right]^2$$

为总体分布的费希尔信息量.

　　费希尔信息量是数理统计学中的一个基本概念，很多的统计结果都与费希尔信息量有关. 如极大似然估计的渐近方差、无偏估计的方差下界等都与费希尔信息量 $I(\theta)$ 有关.

例 3.16 设总体 X 服从泊松分布,其分布列为

$$p(x;\lambda)=\frac{\lambda^x}{x!}e^{-\lambda}, \quad x=0,1,\cdots,$$

可以看出 $p(x;\lambda)$ 满足定义 3.5 的条件,且

$$\ln p(x;\lambda)=x\ln\lambda-\lambda-\ln(x!),$$

$$\frac{\partial}{\partial\lambda}\ln p(x;\lambda)=\frac{x}{\lambda}-1,$$

于是

$$I(\lambda)=E\left(\frac{X}{\lambda}-1\right)^2=\frac{1}{\lambda}.$$

例 3.17 设总体 X 服从指数分布,其密度函数为

$$p(x;\theta)=\frac{1}{\theta}\exp\left\{-\frac{x}{\theta}\right\}, \quad x>0,\theta>0,$$

可以验证 $p(x;\theta)$ 满足定义 3.5 的条件,且

$$\frac{\partial}{\partial\theta}\ln p(x;\theta)=-\frac{1}{\theta}+\frac{x}{\theta^2}=\frac{x-\theta}{\theta^2}$$

于是

$$I(\theta)=E\left(\frac{X-\theta}{\theta^2}\right)^2=\frac{\mathrm{Var}(X)}{\theta^4}=\frac{1}{\theta^2}.$$

有效估计量
C-R不等式

定理 3.1(Cramer-Rao 不等式) 设总体 X 满足定义 3.5 的条件,$X_1,X_2,\cdots,X_n$ 是来自该总体的样本,$T=T(X_1,X_2,\cdots,X_n)$ 是 $g(\theta)$ 的任意一个无偏估计,$g'(\theta)=\frac{\partial g(\theta)}{\partial\theta}$ 存在.则有

$$\mathrm{Var}(T)\geqslant\frac{[g'(\theta)]^2}{nI(\theta)}.$$

上式称为 Cramer-Rao (C-R) 不等式,$[g'(\theta)]^2/nI(\theta)$ 称为 $g(\theta)$ 的无偏估计的方差的 C-R 下界,简称 $g(\theta)$ 的 C-R 下界. 当等号成立时,称 $T=T(X_1,X_2,\cdots,X_n)$ 是 $g(\theta)$ 的有效估计.特别地,对 θ 的任意一个无偏估计 $\hat{\theta}$,有 $\mathrm{Var}(\hat{\theta})\geqslant[nI(\theta)]^{-1}$.

证明 以连续型总体为例加以证明.对离散型总体,则将积分改为求和符号后,证明仍然成立.由于 $T=T(X_1,X_2,\cdots,X_n)$ 是 $g(\theta)$ 的一个无偏估计,则对任意 θ,有

$$g(\theta) = \int_{-\infty}^{+\infty} \cdots \int_{-\infty}^{+\infty} T(x_1, x_2, \cdots, x_n) \cdot \prod_{i=1}^{n} p(x_i; \theta) \mathrm{d}x_1 \mathrm{d}x_2 \cdots \mathrm{d}x_n,$$

两边同时关于 θ 求导,得

$$g'(\theta) = \int_{-\infty}^{+\infty} \cdots \int_{-\infty}^{+\infty} T(x_1, x_2, \cdots, x_n) \cdot \frac{\partial}{\partial \theta} \left[\prod_{i=1}^{n} p(x_i; \theta) \right] \mathrm{d}x_1 \mathrm{d}x_2 \cdots \mathrm{d}x_n$$

$$= \int_{-\infty}^{+\infty} \cdots \int_{-\infty}^{+\infty} T(x_1, x_2, \cdots, x_n) \cdot \left\{ \sum_{i=1}^{n} \frac{\partial}{\partial \theta} \left[\ln p(x_i; \theta) \right] \right\} \cdot$$

$$\prod_{i=1}^{n} p(x_i; \theta) \mathrm{d}x_1 \mathrm{d}x_2 \cdots \mathrm{d}x_n.$$

上式第二个等号的成立可以利用归纳法证明,验证

$$\frac{\partial}{\partial \theta} \left[p(x_1; \theta) p(x_2; \theta) \right]$$

$$= \left[\frac{\partial}{\partial \theta} p(x_1; \theta) \right] p(x_2; \theta) + p(x_1; \theta) \left[\frac{\partial}{\partial \theta} p(x_2; \theta) \right]$$

$$= \left[\frac{\partial}{\partial \theta} \ln p(x_1; \theta) \right] p(x_1; \theta) p(x_2; \theta) + p(x_1; \theta) p(x_2; \theta) \left[\frac{\partial}{\partial \theta} \ln p(x_2; \theta) \right]$$

$$= \left[\frac{\partial}{\partial \theta} \ln p(x_1; \theta) + \frac{\partial}{\partial \theta} \ln p(x_2; \theta) \right] p(x_1; \theta) p(x_2; \theta).$$

由 $\int_{-\infty}^{+\infty} p(x_i; \theta) \mathrm{d}x_i = 1 (i = 1, 2, \cdots, n)$,两端对 θ 求导,由于积分与微分可交换次序,于是有

$$\int_{-\infty}^{+\infty} \frac{\partial}{\partial \theta} p(x_i; \theta) \mathrm{d}x_i = \int_{-\infty}^{+\infty} \left[\frac{\partial}{\partial \theta} \ln p(x_i; \theta) \right] p(x_i; \theta) \mathrm{d}x$$

$$= E \left[\frac{\partial}{\partial \theta} \ln p(X_i; \theta) \right] = 0 \quad (i = 1, 2, \cdots, n).$$

令

$$Y = \sum_{i=1}^{n} \frac{\partial}{\partial \theta} \ln p(X_i; \theta),$$

则

$$E(Y) = \sum_{i=1}^{n} E \left[\frac{\partial}{\partial \theta} \ln p(X_i; \theta) \right] = 0,$$

从而

$$\mathrm{Var}(Y) = \sum_{i=1}^{n} \mathrm{Var} \left[\frac{\partial}{\partial \theta} \ln p(X_i; \theta) \right] = \sum_{i=1}^{n} E \left[\frac{\partial}{\partial \theta} \ln p(X_i; \theta) \right]^2 = n I(\theta),$$

于是

$$g'(\theta) = E(T \cdot Y) = E(T \cdot Y) - E(T)E(Y) = \mathrm{Cov}(T, Y),$$

据施瓦茨不等式 $[\mathrm{Cov}(T, Y)]^2 \leqslant \mathrm{Var}(T) \cdot \mathrm{Var}(Y)$，有

$$[g'(\theta)]^2 \leqslant \mathrm{Var}(T)\,\mathrm{Var}(Y) = nI(\theta)\mathrm{Var}(T),$$

由此，定理中不等式成立.

为了计算费希尔信息量方便起见，给出另外一个计算公式.

性质　　$I(\theta) = -E\left[\dfrac{\partial^2 \ln p(X;\theta)}{\partial \theta^2}\right].$

证明　　在 C-R 不等式的证明中，有

$$E\left[\frac{\partial}{\partial \theta}\ln p(X;\theta)\right] = \int_{-\infty}^{+\infty}\left[\frac{\partial}{\partial \theta}\ln p(x;\theta)\right]p(x;\theta)\mathrm{d}x = 0,$$

最后一个等号两端对 θ 求导，得

$$
\begin{aligned}
0 &= \frac{\partial}{\partial \theta}\int_{-\infty}^{+\infty}\left[\frac{\partial}{\partial \theta}\ln p(x;\theta)\right]p(x;\theta)\mathrm{d}x \\
&= \int_{-\infty}^{+\infty}\left[\frac{\partial^2}{\partial \theta^2}\ln p(x;\theta)\right]p(x;\theta)\mathrm{d}x + \int_{-\infty}^{+\infty}\left[\frac{\partial}{\partial \theta}\ln p(x;\theta)\right]\frac{\partial}{\partial \theta}p(x;\theta)\mathrm{d}x \\
&= \int_{-\infty}^{+\infty}\left[\frac{\partial^2}{\partial \theta^2}\ln p(x;\theta)\right]p(x;\theta)\mathrm{d}x + \int_{-\infty}^{+\infty}\left[\frac{\partial}{\partial \theta}\ln p(x;\theta)\right]^2 p(x;\theta)\mathrm{d}x \\
&= E\left[\frac{\partial^2 \ln p(X;\theta)}{\partial \theta^2}\right] + E\left[\frac{\partial}{\partial \theta}\ln p(X;\theta)\right]^2,
\end{aligned}
$$

可见结论成立.

有效估计量 定义

定义 3.6　若 θ 的一个无偏估计 $\hat{\theta}$ 达到方差下界，即使 C-R 不等式中等式

$$\mathrm{Var}(\hat{\theta}) = \frac{1}{nI(\theta)}$$

成立，则称 $\hat{\theta}$ 为 θ 的有效估计.

定义 3.7　若 $\hat{\theta}$ 为 θ 的一个无偏估计，且 C-R 不等式下界存在，则称 C-R 下界与 $\mathrm{Var}(\hat{\theta})$ 的比

$$e = \frac{\dfrac{1}{nI(\theta)}}{\mathrm{Var}(\hat{\theta})}$$

为估计 $\hat{\theta}$ 的有效率.

例 3.18　设总体 X 服从两点分布，即分布列为 $p(x;\theta) = \theta^x(1-\theta)^{1-x}$（$x=0$，1），试证明 $\overline{X}$ 是 θ 的有效估计.

证明　总体 X 的分布列 $p(x;\theta)=\theta^x(1-\theta)^{1-x}$ $(x=0,1)$ 满足 C-R 不等式的所有条件,且 $E(X)=\theta$,$\mathrm{Var}(X)=\theta(1-\theta)$.可以算得费希尔信息量为

$$I(\theta)=-E\left[\frac{\partial^2\ln p(X;\theta)}{\partial\theta^2}\right]=\frac{1}{\theta(1-\theta)},$$

则 θ 的 C-R 下界为 $[nI(\theta)]^{-1}=\dfrac{\theta(1-\theta)}{n}$.

若 $X_1,X_2,\cdots,X_n$ 是该总体的样本,可以计算

$$\mathrm{Var}(\overline{X})=\frac{\mathrm{Var}(X)}{n}=\frac{\theta(1-\theta)}{n},$$

即 $\overline{X}$ 的方差达到了 C-R 下界,所以 $\overline{X}$ 是 θ 的有效估计.

例 3.19　设总体 X 服从指数分布 $E(\theta)$,它满足 C-R 不等式的所有条件,例 3.17 中已经算出该分布的费希尔信息量为 $I(\theta)=\theta^{-2}$,若 $X_1,X_2,\cdots,X_n$ 是样本,则 θ 的 C-R 下界为 $[nI(\theta)]^{-1}=\theta^2/n$.而 $\overline{X}$ 是 θ 的无偏估计,可以计算得 $\mathrm{Var}(\overline{X})=\theta^2/n$,达到了 C-R 下界,故 $\overline{X}$ 是 θ 的有效估计.

例 3.20　设总体分布列为 $X\sim B(m,p)$,其中 p 为未知参数,它满足 C-R 不等式的所有条件,可以算得费希尔信息量为 $I(p)=\dfrac{m}{p(1-p)}$,若 $X_1,X_2,\cdots,X_n$ 是该总体的样本,则 p 的 C-R 下界为 $[nI(p)]^{-1}=\dfrac{p(1-p)}{mn}$.而 $\dfrac{\overline{X}}{m}$ 是 p 的无偏估计,可以计算得 $\mathrm{Var}\left(\dfrac{\overline{X}}{m}\right)=\dfrac{p(1-p)}{mn}$,达到了 C-R 下界,故 $\dfrac{\overline{X}}{m}$ 是 p 的有效估计.

例 3.21　设总体分布列为 $X\sim N(\mu,\sigma^2)$,其中参数 μ 未知,σ^2 已知,它满足 C-R 不等式的所有条件,可以算得费希尔信息量为 $I(\mu)=\dfrac{1}{\sigma^2}$,若 $X_1,X_2,\cdots,X_n$ 是该总体的样本,则 μ 的 C-R 下界为 $[nI(\mu)]^{-1}=\sigma^2/n$.而 $\overline{X}$ 是 μ 的无偏估计,可以计算得 $\mathrm{Var}(\overline{X})=\sigma^2/n$,达到了 C-R 下界,故 $\overline{X}$ 是 μ 的有效估计.

3.3　贝叶斯估计

1. 统计推断的基础

依据对于总体分布中参数的不同观点,统计学家大致可以分为两个派别:频率学派(或称经典统计学派)和贝叶斯学派.其中贝叶斯学派所推崇的贝叶斯统计历

经了从大部分人质疑到慢慢接受的过程,而且随着计算机技术的发展,正成为飞速壮大的一门学科.频率学派的观点是对总体分布做适当的假定,结合样本信息对参数进行统计推断,这里涉及总体信息和样本信息;而贝叶斯学派的观点认为除了上述两类信息之外,统计推断还应引入先验信息.

先验信息即人们在试验之前对要做的问题在经验和资料上总结的信息,这些信息对统计推断是有益的.先验信息是抽样(试验)之前有关统计问题的一些认知.一般说来,先验信息来源于经验和历史资料,在日常生活和工作中是与人们的直观相符合的.

基于总体信息、样本信息和先验信息进行统计推断的统计学称为贝叶斯统计学,它与经典统计学的差别就在于是否利用参数的先验信息,或者说是否认为参数是一个随机变量.贝叶斯统计在重视使用总体信息和样本信息的同时,还注意先验信息的收集、挖掘和加工,使它数量化,形成先验分布,参与统计推断中来,以提高统计推断的质量.

贝叶斯学派的基本观点是任一未知参数 θ 都可看作随机变量,可用一个概率分布去描述,这个分布称为先验分布,在统计推断之前由经验或历史数据确定;在获得样本之后,总体分布、样本与先验分布通过贝叶斯公式结合起来得到一个关于未知参数 θ 的后验分布;任何关于 θ 的统计推断都可以基于 θ 的后验分布进行.

事实上,一旦求出 θ 的后验分布,参数 θ 的点估计可以取为后验分布的期望均值;θ 的区间估计和假设检验可以由后验分布的上 α 分位点来构造,那么统计推断的核心内容也就都可实现了.

2. 贝叶斯公式

总体依赖于参数 θ 的概率函数在贝叶斯统计中记为 $p(x \mid \theta)$,它表示在随机变量 θ 取某个给定值时总体的条件概率函数;根据参数 θ 的先验信息可确定先验分布的概率函数 $\pi(\theta)$.从贝叶斯学派的观点看,样本值 $X_1, X_2, \cdots, X_n$ 的产生分两步进行:首先从先验分布的概率函数 $\pi(\theta)$ 产生一个样本 θ_0,然后从 $p(x \mid \theta_0)$ 中产生一个样本,这时样本的联合条件概率函数为

$$p(x_1, x_2, \cdots, x_n \mid \theta_0) = \prod_{i=1}^{n} p(x_i \mid \theta_0),$$

这个分布综合了总体信息和样本信息,其中 θ_0 是未知的,它是由先验分布的概率函数 $\pi(\theta)$ 产生的.为把先验信息综合进去,不能只考虑 θ_0,对 θ 的其他值发生的可能性也要加以考虑,故要用 $\pi(\theta)$ 进行综合. 这样一来,由乘法公式,样本 X_1,

$X_2, \cdots, X_n$ 和参数 θ 的联合分布的概率函数为

$$h(x_1, x_2, \cdots, x_n; \theta) = p(x_1, x_2, \cdots, x_n \mid \theta)\pi(\theta),$$

这个联合分布把总体信息、样本信息和先验信息三种可用信息都综合进去了. 在没有样本信息时, 人们只能依据先验分布对 θ 做出推断; 在有了样本 $X_1, X_2, \cdots, X_n$ 之后, 则应依据 $h(x_1, x_2, \cdots, x_n; \theta)$ 对 θ 做出推断. 由乘法公式,

$$h(x_1, x_2, \cdots, x_n; \theta) = \pi(\theta \mid x_1, x_2, \cdots, x_n)m(x_1, x_2, \cdots, x_n),$$

其中

$$m(x_1, x_2, \cdots, x_n) = \int_{\Theta} h(x_1, x_2, \cdots, x_n; \theta)\,\mathrm{d}\theta$$
$$= \int_{\Theta} p(x_1, x_2, \cdots, x_n \mid \theta)\pi(\theta)\,\mathrm{d}\theta$$

是 $X_1, X_2, \cdots, X_n$ 的边际概率函数, 它与 θ 无关, 不含 θ 的任何信息. 因此能用来对 θ 做出推断的是条件分布的概率函数 $\pi(\theta \mid x_1, x_2, \cdots, x_n)$, 它的计算公式是

$$\pi(\theta \mid x_1, x_2, \cdots, x_n) = \frac{h(x_1, x_2, \cdots, x_n; \theta)}{m(x_1, x_2, \cdots, x_n)}$$
$$= \frac{p(x_1, x_2, \cdots, x_n \mid \theta)\pi(\theta)}{\int_{\Theta} p(x_1, x_2, \cdots, x_n \mid \theta)\pi(\theta)\,\mathrm{d}\theta},$$

上式称为 θ 的后验分布的概率函数. 它集中了总体信息、样本信息和先验信息中有关 θ 的一切信息.

后验分布的概率函数 $\pi(\theta \mid x_1, x_2, \cdots, x_n)$ 的计算公式就是用概率函数表示的贝叶斯公式, 此公式在概率论基础知识中提到过. 它是用总体和样本对先验分布的概率函数 $\pi(\theta)$ 做更新的结果, 贝叶斯统计的一切推断都基于后验分布进行.

3. 贝叶斯估计

基于后验分布的概率函数 $\pi(\theta \mid x_1, x_2, \cdots, x_n)$ 对 θ 所做的贝叶斯估计可以有很多种, 常用有如下三种: 后验密度函数的最大值点作为 θ 的点估计, 称为最大后验估计; 后验分布的中位数作为 θ 的点估计, 称为后验中位数估计; 后验分布的均值作为 θ 的点估计, 称为后验期望估计. 用得最多的是后验期望估计, 它一般也简称为贝叶斯估计, 记为 $\hat{\theta}_B$.

例 3.22   英国统计学家贝叶斯于 1763 年第一次基于二项分布提出了贝叶斯统计的思想. 本例回顾他的做法. 设某试验中事件 A 要么发生, 要么不发生, 发生的概率为 θ. 为估计 θ, 对试验进行了 n 次独立观测, 其中事件 A 发生了 X 次, 显然

$X\,|\,\theta\sim B(n,\theta)$,即

$$p(x\,|\,\theta)=P(X=x\,|\,\theta)=\binom{n}{x}\theta^x(1-\theta)^{n-x}\quad(x=0,1,\cdots,n).$$

若在试验前对事件 A 没有了解,从而对 θ 无历史信息可以参考,在这种场合多采用无信息先验的做法,使用均匀分布 $U(0,1)$ 作为 θ 的先验分布,因为它取 $(0,1)$ 上的每一点的机会均等.至此,确定了总体分布和先验分布.

下面利用贝叶斯公式求 θ 的后验分布.具体如下:先写出 X 和 θ 的联合分布的概率函数

$$h(x,\theta)=p(x\,|\,\theta)\pi(\theta)=\binom{n}{x}\theta^x(1-\theta)^{n-x}\quad(x=0,1,\cdots,n;0<\theta<1),$$

然后求 X 的边际分布的概率函数

$$m(x)=\int_0^1\binom{n}{x}\theta^x(1-\theta)^{n-x}\mathrm{d}\theta=\binom{n}{x}\frac{\Gamma(x+1)\Gamma(n-x+1)}{\Gamma(n+2)},$$

最后求出 θ 的后验分布的概率函数

$$\pi(\theta\,|\,x)=\frac{h(x,\theta)}{m(x)}$$

$$=\frac{\Gamma(n+2)}{\Gamma(x+1)\Gamma(n-x+1)}\theta^{(x+1)-1}(1-\theta)^{(n-x+1)-1}\quad(0<\theta<1),$$

最后的结果说明 $\theta\,|\,X\sim Be(x+1,n-x+1)$,其后验期望估计为

$$\hat{\theta}_B=E(\theta\,|\,X)=\frac{x+1}{n+2}.$$

事实上,均匀分布 $U(0,1)$ 正是分布 $Be(1,1)$,可见后验分布与先验分布类型相同,这种现象也称作贝叶斯统计的共轭.此外,后验分布明显是先验分布经过样本观测值 x 和 $n-x$ 更新过的结果,这也反映了贝叶斯统计的原理.

某些场合,贝叶斯估计要比极大似然估计更合理一些.比如,"抽检 3 个全是合格品"与"抽检 10 个全是合格品",后者的质量比前者更信得过.这种差别在不合格品率的极大似然估计中反映不出来(两者都为 0),而用贝叶斯估计两者分别是 1/5 和 1/12.由此可以看到,在这些极端情况下,贝叶斯估计比极大似然估计更符合人们的理念.

例 3.23 设 $X_1,X_2,\cdots,X_n$ 是来自正态分布 $N(\mu,\sigma_0^2)$ 的一个样本,其中 μ 未知,σ_0^2 已知.假设 μ 的先验分布亦为正态分布 $N(\theta,\tau^2)$,其中先验均值 θ 和先验方

差 τ^2 均已知. 试求 μ 的贝叶斯估计.

　　解　样本 $X_1, X_2, \cdots, X_n$ 的分布密度函数和 μ 的先验分布密度函数分别为

$$p(x_1, x_2, \cdots, x_n \mid \mu) = (2\pi\sigma_0^2)^{-n/2} \exp\left\{-\frac{1}{2\sigma_0^2} \sum_{i=1}^{n} (x_i - \mu)^2\right\},$$

$$\pi(\mu) = (2\pi\tau^2)^{-1/2} \exp\left\{-\frac{1}{2\tau^2} (\mu - \theta)^2\right\}.$$

　　由此可以写出 $X_1, X_2, \cdots, X_n$ 与 μ 的联合分布密度

$$h(x_1, x_2, \cdots, x_n; \mu) = p(x_1, x_2, \cdots, x_n \mid \mu)\pi(\mu)$$

$$= k_1 \cdot \exp\left\{-\frac{1}{2}\left[\frac{n\mu^2 - 2n\mu\bar{x} + \sum_{i=1}^{n} x_i^2}{\sigma_0^2} + \frac{\mu^2 - 2\theta\mu + \theta^2}{\tau^2}\right]\right\},$$

其中 $\bar{x} = \dfrac{1}{n}\sum_{i=1}^{n} x_i, k_1 = (2\pi)^{-(n+1)/2}\tau^{-1}\sigma_0^{-n}$. 若记

$$A = \frac{n}{\sigma_0^2} + \frac{1}{\tau^2}, \quad B = \frac{n\bar{x}}{\sigma_0^2} + \frac{\theta}{\tau^2}, \quad C = \frac{\sum_{i=1}^{n} x_i^2}{\sigma_0^2} + \frac{\theta^2}{\tau^2},$$

则有

$$h(x_1, x_2, \cdots, x_n; \mu) = k_1 \exp\left\{-\frac{1}{2}[A\mu^2 - 2B\mu + C]\right\}$$

$$= k_1 \exp\left\{-\frac{(\mu - B/A)^2}{2/A} - \frac{1}{2}(C - B^2/A)\right\}.$$

　　注意到 A, B, C 均与 μ 无关, 由此容易算得样本的边际密度函数为

$$m(x_1, x_2, \cdots, x_n) = \int_{-\infty}^{+\infty} h(x_1, x_2, \cdots, x_n; \mu)\, d\mu$$

$$= k_1 \exp\left\{-\frac{1}{2}(C - B^2/A)\right\} (2\pi/A)^{1/2},$$

　　应用贝叶斯公式即可得到后验分布的密度函数

$$\pi(\mu \mid x_1, x_2, \cdots, x_n) = \frac{h(x_1, x_2, \cdots, x_n, \mu)}{m(x)}$$

$$= (A/2\pi)^{1/2} \exp\left\{-\frac{1}{2/A}(\mu - B/A)^2\right\}.$$

　　这说明在样本给定后, μ 的后验分布的密度函数为 $N(B/A, 1/A)$, 即

$$\mu \mid x_1, x_2, \cdots, x_n \sim N\left(\frac{n\bar{x}\sigma_0^{-2} + \theta\tau^{-2}}{n\sigma_0^{-2} + \tau^{-2}}, \frac{1}{n\sigma_0^{-2} + \tau^{-2}}\right).$$

后验均值即为其贝叶斯估计：

$$\hat{\mu} = \frac{n/\sigma_0^2}{n/\sigma_0^2 + 1/\tau^2} x + \frac{1/\tau^2}{n/\sigma_0^2 + 1/\tau^2} \theta,$$

它是样本均值 x 与先验均值 θ 的加权平均.

统计学家小传

卡尔·皮尔逊(Karl Pearson, 1857—1936), 1857年3月27日出生于英国伦敦,
1936年4月27日逝世. 1879年毕业于剑桥大学国王学院. 1884年, 担任伦敦大学学
院应用数学和力学教授, 英国数学家, 生物统计学家, 数理统计学的创立者, 自由思
想者, 对生物统计学、气象学、社会达尔文主义理论和优生学做出了重大贡献. 他被
公认为现代统计科学的创立者.

皮尔逊系统研究了正态分布、J型分布、U型分布等, 打破了以往"唯正态"观
念, 为大样本理论奠定了基础, 倡导了矩估计和卡方拟合优度检验, 推广了高尔登
的相关系数, 并提出了回归中的复相关系数.

习　题

1. 设总体 $X \sim E(\lambda)$, 求 λ 的矩估计量. 如果测得容量为10的样本观测值分别
为

134　　106　　125　　115　　130　　120　　110　　108　　105　　115

求 λ 的矩估计值.

2. 设总体 X 具有分布列

X	1	2	3
P	θ	θ	$1-2\theta$

其中 $\theta > 0$ 未知, 求 θ 的矩估计量和极大似然估计量. 并根据取得的样本观测值: 1,
1, 2, 3, 1, 2, 2, 3, 2, 1, 求 θ 的矩估计值.

3. 设 $x_1, x_2, \cdots, x_n$ 为来自总体 X 的一组样本观测值, 按要求对下列各题中的
总体参数 θ 进行估计:

$(1) f(x; \theta) = \begin{cases} \sqrt{\theta} x^{\sqrt{\theta}-1}, & 0 \leqslant x \leqslant 1, \theta > 0, \\ 0, & \text{其他}, \end{cases}$ 求 θ 的矩估计量和极大似然估

计量；

(2) $f(x) = \begin{cases} \dfrac{x}{\theta} e^{-\frac{x^2}{2\theta}}, & x > 0, \\ 0, & x \leqslant 0, \end{cases}$ 求 θ 的矩估计量和极大似然估计量；

(3) $f(x;\theta) = \begin{cases} e^{-(x-\theta)}, & x > \theta, \\ 0, & 其他, \end{cases}$ 求 θ 的矩估计量和极大似然估计量；

(4) $f(x;\theta) = \begin{cases} (\theta+1)x^{\theta}, & 0 < x < 1, \\ 0, & 其他, \end{cases}$ 其中 $\theta > -1$，求 θ 的极大似然估计量.

4. 设 $X_1, X_2, \cdots, X_n$ 为取自总体 X 的一个样本，总体 X 服从参数为 p 的几何分布，即

$$P(X = k) = p(1-p)^{k-1} \quad (k = 1, 2, \cdots),$$

其中 p 未知且 $0 < p < 1$，求 p 的极大似然估计量.

5. 设总体 X 的密度函数为 $f(x;\sigma) = \dfrac{1}{2\sigma} e^{-\frac{|x|}{\sigma}}$ $(-\infty < x < +\infty)$，其中 $\sigma > 0$ 未知，设 $X_1, X_2, \cdots, X_n$ 为取自这个总体的一个样本．求 σ 的极大似然估计量.

6. 设 $X_1, X_2, \cdots, X_n$ 为取自总体 X 的一个样本，总体 X 服从参数为 $\theta(>0)$ 的均匀分布 $U(\theta, 2\theta)$．求 θ 的极大似然估计量，并讨论其无偏性.

7. 设 $X_1, X_2, \cdots, X_n$ 为取自总体 X 的一个样本．已知期望 $E(X) = 0$，而方差 $\mathrm{Var}(X) = \sigma^2$ 是未知参数．试确定 k，使 $T = k \sum\limits_{i=1}^{n} X_i^2$ 是 σ^2 的无偏估计量.

8. 设 $X_1, X_2, \cdots, X_n$ 为取自总体 X 的样本，$E(X) = \mu$，$\mathrm{Var}(X) = \sigma^2$，$\hat{\sigma}^2 = k \sum\limits_{i=1}^{n-1} (X_{i+1} - X_i)^2$，问 k 为何值时 $\hat{\sigma}^2$ 为 σ^2 的无偏估计.

9. 设 $\hat{\theta}$ 是 θ 的无偏估计量，且有 $\mathrm{Var}(\hat{\theta}) > 0$，试证：$\hat{\theta}^2$ 不是 θ^2 的无偏估计量.

10. 设 X_1, X_2, X_3 为来自总体 $X \sim N(\mu, \sigma^2)$ 的样本，在下列 μ 的无偏估计量中，最有效的是哪一个？

(1) $\dfrac{1}{2} X_1 + \dfrac{1}{3} X_2 + \dfrac{1}{6} X_3$；

(2) $\dfrac{1}{2} X_1 + \dfrac{1}{4} X_2 + \dfrac{1}{4} X_3$；

(3) $\frac{1}{3}X_1 + \frac{1}{3}X_2 + \frac{1}{3}X_3$.

11. 若 $\hat{\theta}_1$ 和 $\hat{\theta}_2$ 是 θ 的两个相互独立的无偏估计量,且 $\mathrm{Var}(\hat{\theta}_1) = 2\mathrm{Var}(\hat{\theta}_2)$,问常数 a 和 b 满足什么条件,才能使 $a\hat{\theta}_1 + b\hat{\theta}_2$ 是 θ 的无偏估计量? a 和 b 取何值时,θ 的无偏估计量 $a\hat{\theta}_1 + b\hat{\theta}_2$ 最有效?

12. 设 $X_1, X_2, \cdots, X_n$ 为来自对数正态总体 $\ln X \sim N(0, \sigma^2)$ 的样本,试求参数 σ^2 的极大似然估计,并计算 C-R 下界,判断其是否为有效估计.

13. 设总体 $X \sim N(\mu, \sigma^2)$,$X_1, X_2, \cdots, X_n$ 为样本,μ 已知,试证 $\hat{\sigma} = \frac{1}{n}\sqrt{\pi/2} \sum_{i=1}^{n} |X_i - \mu|$ 是 σ 的无偏估计,并求 $\hat{\sigma}$ 的有效率 $e(\hat{\sigma})$.

14. 总体 X 的密度函数为 $f(x) = \frac{1}{\alpha}\exp\left(-\frac{x-\theta}{\alpha}\right)$ $(x > \theta, \alpha > 0)$,$X_1, X_2, \cdots, X_n$ 为样本. (1) 若 θ 已知,求参数 α 的极大似然估计,并判断其无偏性,计算费希尔信息量 $I(\alpha)$,判断极大似然估计是否为有效估计;(2) 求参数 α, θ 的极大似然估计.

15. 总体 X 的密度函数为 $p(x \mid \theta) = \frac{2x}{\theta^2}$ $(0 < x < \theta < 1)$. 取参数 θ 的先验分布的密度函数为 $\pi(\theta) = 3\theta^2$ $(0 < \theta < 1)$,求 θ 的后验分布的密度函数.

16. 总体 X 为均匀分布 $U(0, \theta)$,样本为 $X_1, X_2, \cdots, X_n$. 取参数 θ 的先验分布为 Pareto 分布,即密度函数为 $\pi(\theta) = \alpha\theta_0^\alpha / \theta^{\alpha+1}$ $(\theta > \theta_0 > 0, \alpha > 0)$. 求 θ 的后验分布的密度函数.

第4章

多元分布与多元正态分布

　　总体中的个体往往会涉及多个指标,即多元随机变量或随机向量.统计分析涉及的常常是随机向量或多个随机向量放在一起组成的随机矩阵.例如医学研究中,关心肺癌的某种治疗方案的疗效,除了要收集病人的存活时间,还要考虑病人的性别、年龄、吸烟史等.本章首先介绍一般随机向量的基本概念和性质,然后重点讨论多元正态分布.

4.1　随机向量的基本概念

1. 随机向量的概率分布

　　在社会生产和科学研究中,往往涉及多个随机变量.一般说来,这些随机变量之间又有某种联系,因而需要把这些随机变量作为一个整体(向量)来研究.

　　定义 4.1　p 个随机变量 $X_1, X_2, \cdots, X_p$ 的整体称为 p 维随机向量或随机变量,记为 $\boldsymbol{X} = (X_1, X_2, \cdots, X_p)^{\mathrm{T}}$.

　　总体是由许多(有限或无限)个体构成的集合.如果构成总体的个体是具有 p 个指标的个体,我们称这样的总体为 p 维总体(或 p 元总体).如果从 p 维总体中随机抽取一个个体,其 p 个指标观测值是不能事先精确知道的,它依赖于被抽到的个体,因此 p 维总体可用一个 p 维随机向量来表示.这种表示便于人们用数学方法去研究 p 维总体的特性.这里"维"(或"元")的概念,表示共有几个分量,例如在研究合金材料寿命时要研究的三项指标——强度、应力水平和表面质量——就构成一个三元总体.如果三项指标分别用 X_1, X_2, X_3 表示,则三元总体就用三维随机向量

$X = (X_1, X_2, X_3)^T$ 来表示. 对随机向量的研究仍然限于讨论离散型和连续型两类随机向量.

定义 4.2 设 $X = (X_1, X_2, \cdots, X_p)^T$ 是 p 维随机向量, 它的多元联合分布函数定义为

$$F(\boldsymbol{x}) = F(x_1, x_2, \cdots, x_p) = P(X_1 \leqslant x_1, X_2 \leqslant x_2, \cdots, X_p \leqslant x_p),$$

记为 $X \sim F(\boldsymbol{x})$, 其中 $\boldsymbol{x} = (x_1, x_2, \cdots, x_p)^T \in \mathbf{R}^p$, $\mathbf{R}^p$ 表示 p 维欧氏空间.

多维随机向量的概率特性可用它的联合分布函数来完整地描述.

定义 4.3 设 $X = (X_1, X_2, \cdots, X_p)^T$ 是 p 维随机向量, 若存在有限个或可列个 p 维向量 $\boldsymbol{x}_1, \boldsymbol{x}_2, \cdots$, 记 $P(\boldsymbol{X} = \boldsymbol{x}_k) = p_k (k = 1, 2, \cdots)$ 且满足 $\sum p_k = 1$, 则称 X 为离散型随机向量, 称 $P(\boldsymbol{X} = \boldsymbol{x}_k) = p_k (k = 1, 2, \cdots)$ 为 X 的联合分布列.

设 $X \sim F(\boldsymbol{x}) = F(x_1, x_2, \cdots, x_p)$, 若存在一个非负函数 $f(x_1, x_2, \cdots, x_p)$, 使得对一切 $\boldsymbol{x} = (x_1, x_2, \cdots, x_p)^T \in \mathbf{R}^p$, 有

$$F(\boldsymbol{x}) = F(x_1, x_2, \cdots, x_p) = \int_{-\infty}^{x_p} \cdots \int_{-\infty}^{x_1} f(t_1, t_2, \cdots, t_p) \, \mathrm{d}t_1 \mathrm{d}t_2 \cdots \mathrm{d}t_p$$

则称 X 为连续型随机向量, 并称 $f(x_1, x_2, \cdots, x_p)$ 为联合密度函数.

一个 p 元函数 $f(x_1, x_2, \cdots, x_p)$ 能作为 $\mathbf{R}^p$ 中某个随机向量的联合密度函数的充要条件是:

(1) $f(x_1, x_2, \cdots, x_p) \geqslant 0, \forall (x_1, x_2, \cdots, x_p)^T \in \mathbf{R}^p$;

(2) $\int_{-\infty}^{+\infty} \cdots \int_{-\infty}^{+\infty} f(x_1, x_2, \cdots, x_p) \, \mathrm{d}x_1 \mathrm{d}x_2 \cdots \mathrm{d}x_p = 1.$

离散型随机向量的概率性质可由它的联合分布列完全确定, 连续型随机向量的概率性质可由它的联合密度函数完全确定.

例 4.1 试证函数

$$f(x_1, x_2) = \begin{cases} \mathrm{e}^{-(x_1 + x_2)}, & x_1 \geqslant 0, x_2 \geqslant 0, \\ 0, & \text{其他}, \end{cases}$$

为某个随机向量的二元联合密度函数.

证明 只要验证 $f(x_1, x_2)$ 满足联合密度函数定义的两个条件即可.

(1) 显然, $f(x_1, x_2) \geqslant 0$;

(2) $\int_{-\infty}^{+\infty} \int_{-\infty}^{+\infty} f(x_1, x_2) \mathrm{d}x_1 \mathrm{d}x_2 = \int_0^{+\infty} \int_0^{+\infty} \mathrm{e}^{-(x_1 + x_2)} \mathrm{d}x_1 \mathrm{d}x_2$

$$= \int_0^{+\infty} \left[\int_0^{+\infty} e^{-(x_1+x_2)} \, dx_1 \right] dx_2$$

$$= \int_0^{+\infty} e^{-x_2} \, dx_2 = 1.$$

所以 $f(x_1, x_2)$ 为某个随机变量的二元联合密度函数.

定义 4.4　设 $\boldsymbol{X} = (X_1, X_2, \cdots, X_p)^{\mathrm{T}}$ 是 p 维随机向量, 称由它的 $q \ (< p)$ 个分量组成的子向量 $\boldsymbol{X}^{(1)} = (X_{i_1}, X_{i_2}, \cdots, X_{i_q})^{\mathrm{T}}$ 的分布为 $\boldsymbol{X}$ 的边际分布. 通过变换 $\boldsymbol{X}$ 中各分量的次序, 总可假定 $\boldsymbol{X}^{(1)}$ 正好是 $\boldsymbol{X}$ 的前 q 个分量, 其余 $p-q$ 个分量为 $\boldsymbol{X}^{(2)}$, 即 $\boldsymbol{X} = \begin{pmatrix} \boldsymbol{X}^{(1)} \\ \boldsymbol{X}^{(2)} \end{pmatrix} \begin{matrix} q \\ p-q \end{matrix}$, 相应的取值也分为两部分 $\boldsymbol{x} = \begin{pmatrix} \boldsymbol{x}^{(1)} \\ \boldsymbol{x}^{(2)} \end{pmatrix}$.

当 $\boldsymbol{X}$ 的分布函数是 $F(x_1, x_2, \cdots, x_p)$ 时, $\boldsymbol{X}^{(1)}$ 的边际分布函数为

$$\begin{aligned} F(x_1, x_2, \cdots, x_q) &= P(X_1 \leqslant x_1, \cdots, X_q \leqslant x_q) \\ &= P(X_1 \leqslant x_1, \cdots, X_q \leqslant x_q, X_{q+1} \leqslant +\infty, \cdots, X_p \leqslant +\infty) \\ &= F(x_1, x_2, \cdots, x_q, +\infty, \cdots, +\infty). \end{aligned}$$

当 $\boldsymbol{X}$ 有联合密度函数 $f(x_1, x_2, \cdots, x_p)$ 时, 则 $\boldsymbol{X}^{(1)}$ 也有边际密度函数, 为

$$f(x_1, x_2, \cdots, x_q) = \int_{-\infty}^{+\infty} \cdots \int_{-\infty}^{+\infty} f(x_1, x_2, \cdots, x_p) \, dx_{q+1} \cdots dx_p.$$

例 4.2　对例 4.1 中的 $\boldsymbol{X} = (X_1, X_2)^{\mathrm{T}}$, 求边际密度函数.

解　
$$X_1 \sim f_1(x_1) = \int_{-\infty}^{+\infty} f(x_1, x_2) \, dx_2$$
$$= \begin{cases} \int_0^{+\infty} e^{-(x_1+x_2)} \, dx_2 = e^{-x_1}, & x_1 \geqslant 0, \\ 0, & \text{其他}, \end{cases}$$

同理,

$$X_2 \sim f_2(x_2) = \begin{cases} e^{-x_2}, & x_2 \geqslant 0, \\ 0, & \text{其他}. \end{cases}$$

定义 4.5　若 p 个随机变量 $X_1, X_2, \cdots, X_p$ 的联合分布等于各自的边际分布的乘积, 则称 $X_1, X_2, \cdots, X_p$ 是相互独立的.

例 4.3　例 4.2 中的 X_1 与 X_2 是否相互独立?

解　因为

$$f_1(x_1) = \begin{cases} e^{-x_1}, & x_1 \geqslant 0, \\ 0, & \text{其他}, \end{cases}$$

$$f_2(x_2) = \begin{cases} e^{-x_2}, & x_2 \geqslant 0, \\ 0, & \text{其他}, \end{cases}$$

可知 $f(x_1, x_2) = f_1(x_1) \cdot f_2(x_2)$，于是 X_1 与 X_2 相互独立.

需要注意的是：由 $X_1, X_2, \cdots, X_p$ 相互独立，可推知任何 X_i 与 $X_j (i \neq j)$ 相互独立，即两两独立，但反之不真.

2. 随机向量的数字特征

定义 4.6 设 $\boldsymbol{X} = (X_1, X_2, \cdots, X_p)^{\mathrm{T}}$，若 $E(X_i)(i=1,2,\cdots,p)$ 存在且有限，则称

$$E(\boldsymbol{X}) = E \begin{pmatrix} X_1 \\ X_2 \\ \vdots \\ X_p \end{pmatrix} = \begin{pmatrix} E(X_1) \\ E(X_2) \\ \vdots \\ E(X_p) \end{pmatrix} = (E(X_1), E(X_2), \cdots, E(X_p))^{\mathrm{T}}$$

为 $\boldsymbol{X}$ 的数学期望或均值向量，有时也把 $E(\boldsymbol{X})$ 和 $E(X_i)$ 分别记为 $\boldsymbol{\mu}$ 和 μ_i，即

$$\boldsymbol{\mu} = \begin{pmatrix} \mu_1 \\ \mu_2 \\ \vdots \\ \mu_p \end{pmatrix} = (\mu_1, \mu_2, \cdots, \mu_p)^{\mathrm{T}}.$$

随机向量的数学期望具有以下性质：

(1) $E(\boldsymbol{AX}) = \boldsymbol{A}E(\boldsymbol{X})$；

(2) $E(\boldsymbol{AXB}) = \boldsymbol{A}E(\boldsymbol{X})\boldsymbol{B}$；

(3) $E(\boldsymbol{AX} + \boldsymbol{BY}) = \boldsymbol{A}E(\boldsymbol{X}) + \boldsymbol{B}E(\boldsymbol{Y})$；

其中 $\boldsymbol{X}, \boldsymbol{Y}$ 为随机向量，$\boldsymbol{A}, \boldsymbol{B}$ 为维数大小适合运算的常数矩阵.

定义 4.7 设 $\boldsymbol{X} = (X_1, X_2, \cdots, X_p)^{\mathrm{T}}, \boldsymbol{Y} = (Y_1, Y_2, \cdots, Y_p)^{\mathrm{T}}$，称

$$\mathrm{Var}(\boldsymbol{X}) = E\{[\boldsymbol{X} - E(\boldsymbol{X})][\boldsymbol{X} - E(\boldsymbol{X})]^{\mathrm{T}}\}$$

$$= \begin{pmatrix} \mathrm{Cov}(X_1, X_1) & \mathrm{Cov}(X_1, X_2) & \cdots & \mathrm{Cov}(X_1, X_p) \\ \mathrm{Cov}(X_2, X_1) & \mathrm{Cov}(X_2, X_2) & \cdots & \mathrm{Cov}(X_2, X_p) \\ \vdots & \vdots & & \vdots \\ \mathrm{Cov}(X_p, X_1) & \mathrm{Cov}(X_p, X_2) & \cdots & \mathrm{Cov}(X_p, X_p) \end{pmatrix}$$

为 $\boldsymbol{X}$ 的方差或协差阵，有时记 $\mathrm{Var}(\boldsymbol{X})$ 为 $\boldsymbol{\Sigma}$，记 $\mathrm{Cov}(X_i, X_j)$ 为 σ_{ij}，从而有 $\boldsymbol{\Sigma} =$

$(\sigma_{ij})_{p \times p}$. 称

$$\mathrm{Cov}(\boldsymbol{X}, \boldsymbol{Y}) = E\{[\boldsymbol{X} - E(\boldsymbol{X})][\boldsymbol{Y} - E(\boldsymbol{Y})]^{\mathrm{T}}\}$$

$$= \begin{pmatrix} \mathrm{Cov}(X_1, Y_1) & \mathrm{Cov}(X_1, Y_2) & \cdots & \mathrm{Cov}(X_1, Y_p) \\ \mathrm{Cov}(X_2, Y_1) & \mathrm{Cov}(X_2, Y_2) & \cdots & \mathrm{Cov}(X_2, Y_p) \\ \vdots & \vdots & & \vdots \\ \mathrm{Cov}(X_p, Y_1) & \mathrm{Cov}(X_p, Y_2) & \cdots & \mathrm{Cov}(X_p, Y_p) \end{pmatrix}$$

为随机向量 $\boldsymbol{X}$ 与 $\boldsymbol{Y}$ 之间的协差阵. 当 $\boldsymbol{X} = \boldsymbol{Y}$ 时, $\mathrm{Cov}(\boldsymbol{X}, \boldsymbol{Y})$ 即 $\mathrm{Var}(\boldsymbol{X})$.

若 $\boldsymbol{X} = (X_1, X_2, \cdots, X_p)^{\mathrm{T}}$ 的协差阵存在, 且每个一元分量的方差大于零, 则称 $\boldsymbol{R} = (r_{ij})_{p \times p}$ 为随机向量 $\boldsymbol{X}$ 的相关阵, 其中

$$r_{ij} = \frac{\mathrm{Cov}(X_i, X_j)}{\sqrt{\mathrm{Var}(X_i)} \sqrt{\mathrm{Var}(X_j)}} = \frac{\sigma_{ij}}{\sqrt{\sigma_{ii}} \sqrt{\sigma_{jj}}} \quad (i, j = 1, 2, \cdots, p),$$

为 X_i 与 X_j 的线性相关系数. 设标准离差阵为

$$\boldsymbol{V}^{\frac{1}{2}} = \begin{pmatrix} \sqrt{\sigma_{11}} & & 0 \\ & \ddots & \\ 0 & & \sqrt{\sigma_{pp}} \end{pmatrix},$$

则有

$$\boldsymbol{\Sigma} = \boldsymbol{V}^{\frac{1}{2}} \boldsymbol{R} \boldsymbol{V}^{\frac{1}{2}},$$

即

$$\boldsymbol{R} = (\boldsymbol{V}^{\frac{1}{2}})^{-1} \boldsymbol{\Sigma} (\boldsymbol{V}^{\frac{1}{2}})^{-1}.$$

这说明从 $\boldsymbol{\Sigma}$ 可得到 $\boldsymbol{R}$, 也可从 $\boldsymbol{V}^{\frac{1}{2}}$ 和 $\boldsymbol{R}$ 得到 $\boldsymbol{\Sigma}$, 且由 $\boldsymbol{\Sigma} \geqslant 0$ 即 $\boldsymbol{\Sigma}$ 半正定, 可知 $\boldsymbol{R} \geqslant 0$.

例 4.4　设

$$\boldsymbol{\Sigma} = \begin{pmatrix} \sigma_{11} & \sigma_{12} & \sigma_{13} \\ \sigma_{21} & \sigma_{22} & \sigma_{23} \\ \sigma_{31} & \sigma_{32} & \sigma_{33} \end{pmatrix} = \begin{pmatrix} 4 & 1 & 2 \\ 1 & 9 & -1 \\ 2 & -1 & 16 \end{pmatrix},$$

则可得

$$\boldsymbol{V}^{\frac{1}{2}} = \begin{pmatrix} \sqrt{\sigma_{11}} & 0 & 0 \\ 0 & \sqrt{\sigma_{22}} & 0 \\ 0 & 0 & \sqrt{\sigma_{33}} \end{pmatrix} = \begin{pmatrix} 2 & 0 & 0 \\ 0 & 3 & 0 \\ 0 & 0 & 4 \end{pmatrix},$$

$$(\boldsymbol{V}^{\frac{1}{2}})^{-1} = \begin{pmatrix} \dfrac{1}{2} & 0 & 0 \\ 0 & \dfrac{1}{3} & 0 \\ 0 & 0 & \dfrac{1}{4} \end{pmatrix},$$

从而可得相关阵为

$$\begin{aligned}
\boldsymbol{R} &= (\boldsymbol{V}^{\frac{1}{2}})^{-1} \boldsymbol{\Sigma} (\boldsymbol{V}^{\frac{1}{2}})^{-1} \\
&= \begin{pmatrix} \dfrac{1}{2} & 0 & 0 \\ 0 & \dfrac{1}{3} & 0 \\ 0 & 0 & \dfrac{1}{4} \end{pmatrix} \begin{pmatrix} 4 & 1 & 2 \\ 1 & 9 & -1 \\ 2 & -1 & 16 \end{pmatrix} \begin{pmatrix} \dfrac{1}{2} & 0 & 0 \\ 0 & \dfrac{1}{3} & 0 \\ 0 & 0 & \dfrac{1}{4} \end{pmatrix} \\
&= \begin{pmatrix} 1 & \dfrac{1}{6} & \dfrac{1}{4} \\ \dfrac{1}{6} & 1 & -\dfrac{1}{12} \\ \dfrac{1}{4} & -\dfrac{1}{12} & 1 \end{pmatrix}.
\end{aligned}$$

若 $\mathrm{Cov}(\boldsymbol{X},\boldsymbol{Y})=\boldsymbol{0}_{p\times p}$,即零矩阵,则称 $\boldsymbol{X}$ 与 $\boldsymbol{Y}$ 不相关.由 $\boldsymbol{X}$ 与 $\boldsymbol{Y}$ 相互独立易知 $\mathrm{Cov}(\boldsymbol{X},\boldsymbol{Y})=\boldsymbol{0}$,即 $\boldsymbol{X}$ 与 $\boldsymbol{Y}$ 不相关;但反过来,当 $\boldsymbol{X}$ 与 $\boldsymbol{Y}$ 不相关时,一般不能推知 $\boldsymbol{X}$ 与 $\boldsymbol{Y}$ 相互独立.

协差阵具有以下性质:

(1) $\mathrm{Var}(\boldsymbol{X})\geqslant 0$,即 $\boldsymbol{X}$ 的协差阵是非负定阵;

(2) $\mathrm{Var}(\boldsymbol{X}+\boldsymbol{a})=\mathrm{Var}(\boldsymbol{X})$;

(3) $\mathrm{Var}(\boldsymbol{AX})=\boldsymbol{A}\mathrm{Var}(\boldsymbol{X})\boldsymbol{A}^{\mathrm{T}}$;

(4) $\mathrm{Cov}(\boldsymbol{AX},\boldsymbol{BY})=\boldsymbol{A}\mathrm{Cov}(\boldsymbol{X},\boldsymbol{Y})\boldsymbol{B}^{\mathrm{T}}$;

其中 $\boldsymbol{a},\boldsymbol{A},\boldsymbol{B}$ 为维数大小适合运算的常数向量和矩阵.

证明 (1) 利用协方差的性质 $\mathrm{Cov}(X_i,X_j)=\mathrm{Cov}(X_j,X_i)$ 可知协差阵是对称阵.下面证明非负定性.利用矩阵非负性与二次型非负等价来证明.对任意的

常数向量 $\boldsymbol{a} = (a_1, a_2, \cdots, a_p)^{\mathrm{T}}$，有

$$\boldsymbol{a}^{\mathrm{T}} \mathrm{Var}(\boldsymbol{X}) \boldsymbol{a}$$

$$= (a_1, a_2, \cdots, a_p) \begin{pmatrix} \mathrm{Cov}(X_1, X_1) & \mathrm{Cov}(X_1, X_2) & \cdots & \mathrm{Cov}(X_1, X_p) \\ \mathrm{Cov}(X_2, X_1) & \mathrm{Cov}(X_2, X_2) & \cdots & \mathrm{Cov}(X_2, X_p) \\ \vdots & \vdots & & \vdots \\ \mathrm{Cov}(X_p, X_1) & \mathrm{Cov}(X_p, X_2) & \cdots & \mathrm{Cov}(X_p, X_p) \end{pmatrix} \begin{pmatrix} a_1 \\ a_2 \\ \vdots \\ a_p \end{pmatrix}$$

$$= \sum_{i=1}^{p} \sum_{j=1}^{p} a_i a_j \mathrm{Cov}(X_i, X_j)$$

$$= \sum_{i=1}^{p} \sum_{j=1}^{p} a_i a_j E\{[X_i - E(X_i)][X_j - E(X_j)])$$

$$= \sum_{i=1}^{p} \sum_{j=1}^{p} E\{[a_i(X_i - E(X_i))][a_j(X_j - E(X_j))]\}$$

$$= E\left\{ \sum_{i=1}^{p} \sum_{j=1}^{p} [a_i(X_i - E(X_i))][a_j(X_j - E(X_j))] \right\}$$

$$= E\left\{ \sum_{i=1}^{p} [a_i(X_i - E(X_i))] \sum_{j=1}^{p} [a_j(X_j - E(X_j))] \right\}$$

$$= E\left\{ \sum_{i=1}^{p} [a_i(X_i - E(X_i))] \right\}^2 \geqslant 0.$$

可见协差阵是非负定阵. 性质(2)、(3)、(4)易证, 略.

4.2　多元正态分布的定义及基本性质

多元正态分布在多元随机向量中占有重要地位. 如同一元随机变量中一元正态分布所占的重要地位一样, 多元统计分析中的许多重要理论和方法都是直接或间接建立在多元正态分布的基础上, 多元正态分布是多元统计分析的基础. 此外, 在实践中遇到的连续型随机向量常常是服从多元正态分布或近似服从多元正态分布. 即使这种近似不成立, 也可以通过某种数据变换如对数变换或幂变换等, 使得变换后的数据近似服从多元正态分布. 因此现实世界中许多实际问题的解决都是以总体服从多元正态分布或近似服从多元正态分布为前提的.

1. 多元正态分布的定义

多元正态分布有多种定义方法, 下面给出常用的两种定义.

定义 4.8 若 p 维随机向量 $\boldsymbol{X}=(X_1,X_2,\cdots,X_p)^{\mathrm{T}}$ 的密度函数为

$$f(x_1,x_2,\cdots,x_p)=\frac{1}{(2\pi)^{\frac{p}{2}}|\boldsymbol{\Sigma}|^{\frac{1}{2}}}\exp\left\{-\frac{1}{2}(\boldsymbol{x}-\boldsymbol{\mu})^{\mathrm{T}}\boldsymbol{\Sigma}^{-1}(\boldsymbol{x}-\boldsymbol{\mu})\right\},$$

其中 $\boldsymbol{x}=(x_1,x_2,\cdots,x_p)^{\mathrm{T}}$, $\boldsymbol{\mu}$ 是 p 维向量, $\boldsymbol{\Sigma}$ 是 p 阶正定阵. 则称 $\boldsymbol{X}$ 服从 p 元正态分布, 也称 $\boldsymbol{X}$ 为 p 维正态随机向量, 简记为 $\boldsymbol{X}\sim N_p(\boldsymbol{\mu},\boldsymbol{\Sigma})$. 显然当 $p=1$ 时, $f(x)$ 即为一元正态分布密度函数.

可以证明 $\boldsymbol{\mu}$ 为 $\boldsymbol{X}$ 的均值向量, $\boldsymbol{\Sigma}$ 为 $\boldsymbol{X}$ 的协差阵. 顺便指出, 当 $|\boldsymbol{\Sigma}|=0$ 时, $\boldsymbol{\Sigma}^{-1}$ 不存在, $\boldsymbol{X}$ 也就不存在通常意义下的密度函数, 这也是如今人们不大采用密度函数来定义多元正态分布的原因. 当 $|\boldsymbol{\Sigma}|=0$ 时也有正态分布的定义, 下面给出另外一种正态分布的定义.

定义 4.9 设 $X_1,X_2,\cdots,X_p$ 为 p 个独立的标准正态随机变量, 令

$$\boldsymbol{Y}=\begin{pmatrix}Y_1\\Y_2\\\vdots\\Y_m\end{pmatrix}=\boldsymbol{A}_{m\times p}\begin{pmatrix}X_1\\X_2\\\vdots\\X_p\end{pmatrix}+\boldsymbol{\mu}_{m\times 1},$$

则称 $\boldsymbol{Y}$ 为 m 维正态随机向量, 并记为 $\boldsymbol{Y}\sim N_m(\boldsymbol{\mu},\boldsymbol{\Sigma})$, 其中 $E(\boldsymbol{Y})=\boldsymbol{\mu}$, $\mathrm{Var}(\boldsymbol{Y})=\boldsymbol{\Sigma}=\boldsymbol{A}\boldsymbol{A}^{\mathrm{T}}$.

这里需要注意的是 $\boldsymbol{\Sigma}=\boldsymbol{A}\boldsymbol{A}^{\mathrm{T}}$ 的分解一般不是唯一的. 显然此定义允许 $|\boldsymbol{\Sigma}|=0$, 即 $\boldsymbol{\Sigma}$ 奇异.

这里是用多个标准正态变量的任意线性组合给出多元正态随机向量的定义, 其优点之一是多元正态分布的有些性质可用一元正态分布的性质得到.

2. 多元正态分布的基本性质

在建立多元统计方法和解决问题时, 常用到多元正态随机向量的性质, 利用这些性质可使得正态分布的处理变得容易一些.

(1) 设 $\boldsymbol{X}=(X_1,X_2,\cdots,X_p)^{\mathrm{T}}\sim N_p(\boldsymbol{\mu},\boldsymbol{\Sigma})$, 若 $\boldsymbol{\Sigma}$ 为对角阵, 则 $X_1,X_2,\cdots,X_p$ 相互独立;

(2) 设 $\boldsymbol{X}\sim N_p(\boldsymbol{\mu},\boldsymbol{\Sigma})$, $\boldsymbol{A}$ 为 $s\times p$ 阶常数阵, $\boldsymbol{d}$ 为 s 维常数向量, 则

$$\boldsymbol{A}\boldsymbol{X}+\boldsymbol{d}\sim N_s(\boldsymbol{A}\boldsymbol{\mu}+\boldsymbol{d},\boldsymbol{A}\boldsymbol{\Sigma}\boldsymbol{A}^{\mathrm{T}}),$$

即正态随机向量的线性变换仍然是正态的.

(3) 若 $\boldsymbol{X}\sim N_p(\boldsymbol{\mu},\boldsymbol{\Sigma})$, 将 $\boldsymbol{X},\boldsymbol{\mu},\boldsymbol{\Sigma}$ 做如下剖分:

$$X = \begin{pmatrix} X^{(1)} \\ X^{(2)} \end{pmatrix} \begin{matrix} q \\ p-q \end{matrix}, \quad \mu = \begin{pmatrix} \mu^{(1)} \\ \mu^{(2)} \end{pmatrix} \begin{matrix} q \\ p-q \end{matrix}, \quad \Sigma = \begin{pmatrix} \Sigma_{11} & \Sigma_{12} \\ \Sigma_{21} & \Sigma_{22} \end{pmatrix} \begin{matrix} q \\ p-q \end{matrix}$$

则 $X^{(1)} \sim N_q(\mu^{(1)}, \Sigma_{11})$，$X^{(2)} \sim N_{p-q}(\mu^{(2)}, \Sigma_{22})$，$\Sigma_{12} = \mathrm{Cov}(X^{(1)}, X^{(2)})$.

此外，值得指出的是：

（1）多元正态分布的任意元边际分布仍为正态分布，但反之不真；

（2）由于 $\Sigma_{12} = \mathrm{Cov}(X^{(1)}, X^{(2)})$，故 $\Sigma_{12} = 0$ 表示 $X^{(1)}$ 和 $X^{(2)}$ 不相关，于是由定义可知 $X^{(1)}$ 与 $X^{(2)}$ 不相关与相互独立是等价的.

例 4.5 若 $X = (X_1, X_2, X_3)^{\mathrm{T}} \sim N_3(\mu, \Sigma)$，其中 $\mu = \begin{pmatrix} \mu_1 \\ \mu_2 \\ \mu_3 \end{pmatrix}$，$\Sigma = \begin{pmatrix} \sigma_{11} & \sigma_{12} & \sigma_{13} \\ \sigma_{21} & \sigma_{22} & \sigma_{23} \\ \sigma_{31} & \sigma_{32} & \sigma_{33} \end{pmatrix}$，设 $a = (0,0,1)^{\mathrm{T}}$，$A = \begin{pmatrix} 1 & 0 & 0 \\ 0 & 0 & -1 \end{pmatrix}$，求 $a^{\mathrm{T}}X, AX$ 及 $X^{(1)} = \begin{pmatrix} X_1 \\ X_2 \end{pmatrix}$ 的分布.

解 由性质(2)，得

$$(1) a^{\mathrm{T}}X = (0,0,1) \begin{pmatrix} X_1 \\ X_2 \\ X_3 \end{pmatrix} = X_3 \sim N(a^{\mathrm{T}}\mu, a^{\mathrm{T}}\Sigma a)，其中$$

$$a^{\mathrm{T}}\mu = (0,0,1) \begin{pmatrix} \mu_1 \\ \mu_2 \\ \mu_3 \end{pmatrix} = \mu_3,$$

$$a^{\mathrm{T}}\Sigma a = (0,0,1) \begin{pmatrix} \sigma_{11} & \sigma_{12} & \sigma_{13} \\ \sigma_{21} & \sigma_{22} & \sigma_{23} \\ \sigma_{31} & \sigma_{32} & \sigma_{33} \end{pmatrix} \begin{pmatrix} 0 \\ 0 \\ 1 \end{pmatrix} = \sigma_{33}.$$

此即 X_3 的边际分布，类似可以考虑 $a = (1,0,0)^{\mathrm{T}}$ 或 $a = (0,1,0)^{\mathrm{T}}$. 另外当 $a = (1,1,0)^{\mathrm{T}}$ 或 $a = (1,-1,0)^{\mathrm{T}}$ 或 $a = (1,1,1)^{\mathrm{T}}$ 时，也可以得到一些有趣的结论.

$$(2) AX = \begin{pmatrix} 1 & 0 & 0 \\ 0 & 0 & -1 \end{pmatrix} \begin{pmatrix} X_1 \\ X_2 \\ X_3 \end{pmatrix} = \begin{pmatrix} X_1 \\ -X_3 \end{pmatrix} \sim N(A\mu, A\Sigma A^{\mathrm{T}})，其中$$

$$\boldsymbol{A\mu} = \begin{pmatrix} 1 & 0 & 0 \\ 0 & 0 & -1 \end{pmatrix} \begin{pmatrix} \mu_1 \\ \mu_2 \\ \mu_3 \end{pmatrix} = \begin{pmatrix} \mu_1 \\ -\mu_3 \end{pmatrix},$$

$$\boldsymbol{A\Sigma A}^{\mathrm{T}} = \begin{pmatrix} 1 & 0 & 0 \\ 0 & 0 & -1 \end{pmatrix} \begin{pmatrix} \sigma_{11} & \sigma_{12} & \sigma_{13} \\ \sigma_{21} & \sigma_{22} & \sigma_{23} \\ \sigma_{31} & \sigma_{32} & \sigma_{33} \end{pmatrix} \begin{pmatrix} 1 & 0 \\ 0 & 0 \\ 0 & -1 \end{pmatrix}$$

$$= \begin{pmatrix} \sigma_{11} & -\sigma_{13} \\ -\sigma_{31} & \sigma_{33} \end{pmatrix}.$$

（3）记

$$\boldsymbol{X} = \begin{pmatrix} X_1 \\ X_2 \\ X_3 \end{pmatrix} = \begin{pmatrix} \boldsymbol{X}^{(1)} \\ X_3 \end{pmatrix}, \quad \boldsymbol{\mu} = \begin{pmatrix} \mu_1 \\ \mu_2 \\ \mu_3 \end{pmatrix} = \begin{pmatrix} \boldsymbol{\mu}^{(1)} \\ \mu_3 \end{pmatrix},$$

$$\boldsymbol{\Sigma} = \begin{pmatrix} \sigma_{11} & \sigma_{12} & \sigma_{13} \\ \sigma_{21} & \sigma_{22} & \sigma_{23} \\ \sigma_{31} & \sigma_{32} & \sigma_{33} \end{pmatrix} = \begin{pmatrix} \boldsymbol{\Sigma}_{11} & \boldsymbol{\Sigma}_{12} \\ \boldsymbol{\Sigma}_{21} & \sigma_{33} \end{pmatrix},$$

则 $\boldsymbol{X}^{(1)} = \begin{pmatrix} X_1 \\ X_2 \end{pmatrix} \sim N_2(\boldsymbol{\mu}^{(1)}, \boldsymbol{\Sigma}_{11})$，其中

$$\boldsymbol{\mu}^{(1)} = \begin{pmatrix} \mu_1 \\ \mu_2 \end{pmatrix}, \quad \boldsymbol{\Sigma}_{11} = \begin{pmatrix} \sigma_{11} & \sigma_{12} \\ \sigma_{21} & \sigma_{22} \end{pmatrix}, \quad \boldsymbol{\Sigma}_{21} = (\sigma_{31} \quad \sigma_{32}).$$

若一批数据不满足正态分布,却要采用基于正态分布建立的方法时,通常要对数据进行变换,使之变为"接近正态数据". 非正态数据往往是左偏或右偏的数据,对其做近似正态化变换,就是希望将其处理为大致左右对称的数据,具体采用以下一些幂变换族 x^λ（这里限定多元数据为正值,如有某些负值,可把每个观测值都加上同一个常数使其为正）: $\ln x$, $x^{\frac{1}{4}}$, $x^{\frac{1}{2}}$ 或 x^2 , x^3 , $\cdots$. 前部分可使 x 的大值缩小,后部分可使 x 的小值增大. 变换后的数据正态性往往有所改进. 但不管选用哪种变换,正态性改进多大,还应该对变换后数据的正态性做验证,一直到幂变换后数据满足正态性为止.

4.3　多元正态分布的参数估计

实践中,多元正态分布中均值向量 $\boldsymbol{\mu}$ 和协差阵 $\boldsymbol{\Sigma}$ 往往是未知的,需由样本来估计.本节介绍均值向量 $\boldsymbol{\mu}$ 和协差阵 $\boldsymbol{\Sigma}$ 的最大似然估计,并借助估计量的评判标准来讨论估计量的好坏.首先介绍多元样本的相关知识点.

1.多元样本的概念及表示法

多元分析研究的总体是多元总体.从多元总体中随机抽取 n 个个体:$\boldsymbol{X}_1,\boldsymbol{X}_2,\cdots,\boldsymbol{X}_n$,若 $\boldsymbol{X}_1,\boldsymbol{X}_2,\cdots,\boldsymbol{X}_n$ 相互独立且与总体同分布,则称 $\boldsymbol{X}_1,\boldsymbol{X}_2,\cdots,\boldsymbol{X}_n$ 为该总体的一个多元简单随机样本,简称为样本.每个 $\boldsymbol{X}_i=(X_{i1},X_{i2},\cdots,X_{ip})^{\mathrm{T}}(i=1,2,\cdots,n)$ 称为一个样本单位,也称为样品,其中 X_{ij} 为对第 i 个样品的第 j 个指标的观测,显然每个样品都是 p 维向量.对 n 个样品的 p 项指标进行观测,将全部观测结果用一个 $n\times p$ 阶矩阵 $\boldsymbol{X}$ 表示:

$$\boldsymbol{X}=\begin{pmatrix} X_{11} & X_{12} & \cdots & X_{1p} \\ X_{21} & X_{22} & \cdots & X_{2p} \\ \vdots & \vdots & & \vdots \\ X_{n1} & X_{n2} & \cdots & X_{np} \end{pmatrix}=\begin{pmatrix} \boldsymbol{X}_1^{\mathrm{T}} \\ \boldsymbol{X}_2^{\mathrm{T}} \\ \vdots \\ \boldsymbol{X}_n^{\mathrm{T}} \end{pmatrix}.$$

由于对每个样品 $\boldsymbol{X}_i=(X_{i1},X_{i2},\cdots,X_{ip})^{\mathrm{T}}(i=1,2,\cdots,n)$ 的 p 个指标的观测值是不能事先确定的,所以把每个样品 $\boldsymbol{X}_i$ 看成随机向量,因此 $\boldsymbol{X}$ 就是一个随机矩阵,称 $\boldsymbol{X}$ 为观测矩阵.一旦观测值取定就是一个数据矩阵,并习惯用小写字母来表示.多元分析方法就是运用各种手段从观测矩阵出发去提取有用信息来了解参数的情况,即所谓统计推断.

值得注意的是:

(1)多元样本中的每个样品,其 p 个指标之间往往是具有相关关系的,但不同样品之间的观测值一定是相互独立的.

(2)多元分析处理的多元样本观测数据一般都属于横截面数据,即在同一时间横截面上的数据,例如检测同一批次生产的多个轴承、医学试验中所有患者的病毒定量等,对这类指标的观测数据都属于横截面数据.

2.多元样本的数字特征

定义 4.10　设 $\boldsymbol{X}_1,\boldsymbol{X}_2,\cdots,\boldsymbol{X}_n$ 为来自 p 元总体的样本,其中

$$\boldsymbol{X}_i = (X_{i1}, X_{i2}, \cdots, X_{ip})^{\mathrm{T}} (i = 1, 2, \cdots, n).$$

(1) 样本均值向量定义为

$$\overline{\boldsymbol{X}} = \frac{1}{n} \sum_{i=1}^{n} \boldsymbol{X}_i = \frac{1}{n} \left(\begin{pmatrix} X_{11} \\ X_{12} \\ \vdots \\ X_{1p} \end{pmatrix} + \begin{pmatrix} X_{21} \\ X_{22} \\ \vdots \\ X_{2p} \end{pmatrix} + \cdots + \begin{pmatrix} X_{n1} \\ X_{n2} \\ \vdots \\ X_{np} \end{pmatrix} \right)$$

$$= \frac{1}{n} \begin{pmatrix} X_{11} + X_{21} + \cdots + X_{n1} \\ X_{12} + X_{22} + \cdots + X_{n2} \\ \vdots \\ X_{1p} + X_{2p} + \cdots + X_{np} \end{pmatrix} = \begin{pmatrix} \overline{X}_1 \\ \overline{X}_2 \\ \vdots \\ \overline{X}_p \end{pmatrix} = (\overline{X}_1, \overline{X}_2, \cdots, \overline{X}_p)^{\mathrm{T}}.$$

(2) 样本协差阵定义为

$$\boldsymbol{S} = \frac{1}{n} \sum_{i=1}^{n} (\boldsymbol{X}_i - \overline{\boldsymbol{X}})(\boldsymbol{X}_i - \overline{\boldsymbol{X}})^{\mathrm{T}}$$

$$= \frac{1}{n} \sum_{i=1}^{n} \left(\begin{pmatrix} X_{i1} - \overline{X}_1 \\ X_{i2} - \overline{X}_2 \\ \vdots \\ X_{ip} - \overline{X}_p \end{pmatrix} (X_{i1} - \overline{X}_1, X_{i2} - \overline{X}_2, \cdots, X_{ip} - \overline{X}_p) \right)$$

$$= \frac{1}{n} \sum_{i=1}^{n} \begin{pmatrix} (X_{i1} - \overline{X}_1)^2 & (X_{i1} - \overline{X}_1)(X_{i2} - \overline{X}_2) & \cdots & (X_{i1} - \overline{X}_1)(X_{ip} - \overline{X}_p) \\ (X_{i2} - \overline{X}_2)(X_{i1} - \overline{X}_1) & (X_{i2} - \overline{X}_2)^2 & \cdots & (X_{i2} - \overline{X}_2)(X_{ip} - \overline{X}_p) \\ \vdots & \vdots & & \vdots \\ (X_{ip} - \overline{X}_p)(X_{i1} - \overline{X}_1) & (X_{ip} - \overline{X}_p)(X_{i2} - \overline{X}_2) & \cdots & (X_{ip} - \overline{X}_p)^2 \end{pmatrix}$$

$$= \begin{pmatrix} s_{11} & s_{12} & \cdots & s_{1p} \\ s_{21} & s_{22} & \cdots & s_{2p} \\ \vdots & \vdots & & \vdots \\ s_{p1} & s_{p2} & \cdots & s_{pp} \end{pmatrix} = (s_{jk})_{p \times p}.$$

（3）样本相关阵定义为

$$\boldsymbol{R} = (r_{ij})_{p\times p},$$

其中

$$r_{ij} = \frac{s_{ij}}{\sqrt{s_{ii}}\,\sqrt{s_{jj}}}.$$

注:样本均值向量和协差阵也可用样本阵 $\boldsymbol{X}$ 直接表示如下:

$$\overline{\boldsymbol{X}} = \frac{1}{n}\boldsymbol{X}^{\mathrm{T}}\mathbf{1}_n, \quad \boldsymbol{S} = \frac{1}{n}\boldsymbol{X}^{\mathrm{T}}\left(\boldsymbol{I}_n - \frac{1}{n}\mathbf{1}_n\mathbf{1}_n^{\mathrm{T}}\right)\boldsymbol{X},$$

其中

$$\mathbf{1}_n = (1,1,\cdots,1)^{\mathrm{T}}, \quad \boldsymbol{I}_n = \begin{pmatrix} 1 & & 0 \\ & \ddots & \\ 0 & & 1 \end{pmatrix}.$$

$$\overline{\boldsymbol{X}} = \frac{1}{n}\boldsymbol{X}^{\mathrm{T}}\mathbf{1}_n = \frac{1}{n}\begin{pmatrix} X_{11} & X_{21} & \cdots & X_{n1} \\ X_{12} & X_{22} & \cdots & X_{n2} \\ \vdots & \vdots & & \vdots \\ X_{1p} & X_{1p} & \cdots & X_{np} \end{pmatrix}\begin{pmatrix} 1 \\ 1 \\ \vdots \\ 1 \end{pmatrix}$$

$$= \frac{1}{n}\begin{pmatrix} X_{11}+X_{21}+\cdots+X_{n1} \\ X_{12}+X_{22}+\cdots+X_{n2} \\ \vdots \\ X_{1p}+X_{2p}+\cdots+X_{np} \end{pmatrix} = \begin{pmatrix} \overline{X}_1 \\ \overline{X}_2 \\ \vdots \\ \overline{X}_p \end{pmatrix},$$

$$\boldsymbol{S} = \frac{1}{n}\sum_{i=1}^{n}(\boldsymbol{X}_i - \overline{\boldsymbol{X}})(\boldsymbol{X}_i - \overline{\boldsymbol{X}})^{\mathrm{T}} = \frac{1}{n}\boldsymbol{X}^{\mathrm{T}}\boldsymbol{X} - \overline{\boldsymbol{X}}\,\overline{\boldsymbol{X}}^{\mathrm{T}}$$

$$= \frac{1}{n}\boldsymbol{X}^{\mathrm{T}}\boldsymbol{X} - \frac{1}{n^2}\boldsymbol{X}^{\mathrm{T}}\mathbf{1}_n\mathbf{1}_n^{\mathrm{T}}\boldsymbol{X} = \frac{1}{n}\boldsymbol{X}^{\mathrm{T}}\left(\boldsymbol{I}_n - \frac{1}{n}\mathbf{1}_n\mathbf{1}_n^{\mathrm{T}}\right)\boldsymbol{X}.$$

3. $\boldsymbol{\mu}$ 和 $\boldsymbol{\Sigma}$ 的最大似然估计及基本性质

下面直接给出 $\boldsymbol{\mu}$ 和 $\boldsymbol{\Sigma}$ 的最大似然估计量. 设 $\boldsymbol{X}_1,\boldsymbol{X}_2,\cdots,\boldsymbol{X}_n$ 是来自正态总体 $N_p(\boldsymbol{\mu},\boldsymbol{\Sigma})$ 容量为 n 的样本,每个样品 $\boldsymbol{X}_i = (X_{i1},X_{i2},\cdots,X_{ip})^{\mathrm{T}}(i=1,2,\cdots,n)$,观测矩阵为

$$\boldsymbol{X} = \begin{pmatrix} X_{11} & X_{12} & \cdots & X_{1p} \\ X_{21} & X_{22} & \cdots & X_{2p} \\ \vdots & \vdots & & \vdots \\ X_{n1} & X_{n2} & \cdots & X_{np} \end{pmatrix}.$$

则用最大似然法求出 $\boldsymbol{\mu}$ 和 $\boldsymbol{\Sigma}$ 的估计量分别为

$$\hat{\boldsymbol{\mu}} = \overline{\boldsymbol{X}}, \quad \hat{\boldsymbol{\Sigma}} = \boldsymbol{S}.$$

$\boldsymbol{\mu}$ 和 $\boldsymbol{\Sigma}$ 的估计量有如下基本性质:

(1) $E(\overline{\boldsymbol{X}}) = \boldsymbol{\mu}$,即 $\overline{\boldsymbol{X}}$ 是 $\boldsymbol{\mu}$ 的无偏估计;

$E(\boldsymbol{S}) = \dfrac{n-1}{n}\boldsymbol{\Sigma}$,即 $\boldsymbol{S}$ 不是 $\boldsymbol{\Sigma}$ 的无偏估计,但 $E\left(\dfrac{n}{n-1}\boldsymbol{S}\right) = \boldsymbol{\Sigma}$;

(2) $\overline{\boldsymbol{X}}$,$\dfrac{n}{n-1}\boldsymbol{S}$ 分别是 $\boldsymbol{\mu}$,$\boldsymbol{\Sigma}$ 的有效估计.

样本均值向量和样本协差阵在多元统计推断中具有十分重要的作用,并有如下结论:

定理 4.1 设 $\overline{\boldsymbol{X}}$ 和 $\boldsymbol{S}$ 分别是正态总体 $N_p(\boldsymbol{\mu}, \boldsymbol{\Sigma})$ 的样本均值向量和协差阵,则

(1) $\overline{\boldsymbol{X}} \sim N_p\left(\boldsymbol{\mu}, \dfrac{1}{n}\boldsymbol{\Sigma}\right)$;

(2) 协差阵 $\boldsymbol{S}$ 可以写为 $\boldsymbol{S} = \dfrac{1}{n}\sum\limits_{i=1}^{n-1}\boldsymbol{Z}_i\boldsymbol{Z}_i^{\mathrm{T}}$,其中,$\boldsymbol{Z}_1, \boldsymbol{Z}_2, \cdots, \boldsymbol{Z}_{n-1}$ 独立同分布于 $N_p(\boldsymbol{0}, \boldsymbol{\Sigma})$;

(3) $\overline{\boldsymbol{X}}$ 与 $\boldsymbol{S}$ 相互独立;

(4) $\boldsymbol{S}$ 为正定阵的充要条件是 $n > p$.

统计学家小传

许宝騄(1910—1970),字闲若,1910 年 9 月 1 日出生于北京,1970 年 12 月 18 日逝世.许宝騄 1933 年毕业于清华大学,1934 年至 1936 年担任北京大学数学系助教,1938 年获伦敦大学学院哲学博士学位,1940 年获科学博士学位,1940 年任北京大学数学系教授.1948 年当选为中央研究院院士,1955 年当选为中国科学院学部委员,是第四届全国政协委员.

许宝騄在中国开创了概率论、数理统计的教学与研究工作.他最先发现线性假设的似然比检验(F 检验)的优良性,给出了多元统计中若干重要分布的推导,推动了矩阵论在多元统计中的应用,与 Robbins 一起提出的完全收敛的概念是对强大数定律的重要加强.许宝騄不仅自己在多元分析方面有很多开创性的工作,还培养了 Anderson、Lehmann、Okin 等国际上多元分析学术带头人,所以许宝騄被公认为国际多元统计分析的奠基人之一,被公认为在数理统计和概率论方面第一个具有国际声望的中国数学家.

习　题

1. 设随机向量 $\boldsymbol{X} = (X_1, X_2)^{\mathrm{T}}$ 的密度函数为

$$f(x_1, x_2) = \begin{cases} 2x_2 \mathrm{e}^{-x_1}, & x_1 \geqslant 0, 0 \leqslant x_2 \leqslant 1, \\ 0, & \text{其他}. \end{cases}$$

(1) 求 $F(x_1, x_2)$;

(2) 求 $f(x_1), f(x_2)$;

(3) 证明 X_1 与 X_2 相互独立.

2. 设随机向量 $\boldsymbol{X} = (X_1, X_2)^{\mathrm{T}}$ 具有均值向量 $\boldsymbol{\mu} = (\mu_1, \mu_2)^{\mathrm{T}}$,协差阵 $\boldsymbol{\Sigma} = \begin{pmatrix} \sigma_{11} & \sigma_{12} \\ \sigma_{21} & \sigma_{22} \end{pmatrix}$. 写出线性组合 $\begin{cases} Z_1 = X_1 - X_2 \\ Z_2 = X_1 + X_2 \end{cases}$ 或 $\boldsymbol{Z} = \begin{pmatrix} Z_1 \\ Z_2 \end{pmatrix} = \begin{pmatrix} 1 & -1 \\ 1 & 1 \end{pmatrix} \begin{pmatrix} X_1 \\ X_2 \end{pmatrix} = \boldsymbol{CX}$ 的样本均值向量和协差阵.

3. 设随机向量 $\boldsymbol{X}_1, \boldsymbol{X}_2, \boldsymbol{X}_3, \boldsymbol{X}_4$ 相互独立且具有均值向量 $\boldsymbol{\mu} = \begin{pmatrix} 3 \\ -1 \\ 1 \end{pmatrix}$,协差阵

$$\boldsymbol{\Sigma} = \begin{pmatrix} 3 & -1 & 1 \\ -1 & 1 & 0 \\ 1 & 0 & 2 \end{pmatrix}.$$ 求线性组合 $\boldsymbol{a}^{\mathrm{T}} \boldsymbol{X}_1$ 的均值和方差,$\boldsymbol{X}_1 + \boldsymbol{X}_2 - \boldsymbol{X}_3 + \boldsymbol{X}_4$ 的均值和方差,$\boldsymbol{X}_1 + \boldsymbol{X}_2 - \boldsymbol{X}_3 + \boldsymbol{X}_4$ 与 $0.5\boldsymbol{X}_1 + 0.5\boldsymbol{X}_2 + 0.5\boldsymbol{X}_3 + 0.5\boldsymbol{X}_4$ 之间的协差阵.

4. 设随机向量 $\boldsymbol{X}_1$ 和 $\boldsymbol{X}_2$ 相互独立,且 $\boldsymbol{X}_1 \sim N_p(\boldsymbol{\mu}_1, \boldsymbol{\Sigma}_{11})$,$\boldsymbol{X}_2 \sim N_q(\boldsymbol{\mu}_2, \boldsymbol{\Sigma}_{22})$,问 $\boldsymbol{X} = \begin{pmatrix} \boldsymbol{X}_1 \\ \boldsymbol{X}_2 \end{pmatrix}$ 服从什么分布? 均值向量和协差阵是什么?

5. 设随机向量 $\boldsymbol{X} \sim N_5(\boldsymbol{\mu}, \boldsymbol{\Sigma})$，给定样本 $X_1, \cdots, X_5$，问 $\begin{pmatrix} X_2 \\ X_5 \end{pmatrix}$ 服从什么分布？均值向量和协差阵是什么？

6. 设 $\boldsymbol{X} = (X_1, X_2, X_3)^{\mathrm{T}} \sim N_3(\boldsymbol{\mu}, \boldsymbol{\Sigma})$，其中 $\boldsymbol{\Sigma} = \begin{pmatrix} 3 & 1 & 0 \\ 1 & 2 & 0 \\ 0 & 0 & 1 \end{pmatrix}$，问 X_1 与 X_2 是否相互独立？(X_1, X_2) 和 X_3 是否相互独立？

第5章

参数的区间估计与假设检验

从总体中取得样本观测值后,通过点估计的方法,可以求出未知参数 θ 的估计值.但是由于样本是随机的,所以估计值不能准确地等于参数真值,总是有误差,而且无法知道这个估计值与参数真值之间的误差到底有多大.如果能知道误差的范围,这也是一个不错的选择.本章首先讨论区间估计的概念与构造方法.其次,某些实际问题中会讨论参数的判断问题,例如产品是否合格、技改是否成功,这需要通过假设检验方法来回答.需指出的是,区间估计仍属于参数估计范畴,但由于其内在的构造机制与假设检验有着紧密的联系,故在同一章介绍.

5.1 区间估计

区间估计的
背景和原理

所谓区间估计是指,在实际应用时,由于参数不可能精确地求出,所以人们往往更加关注该参数估计大致的取值范围.例如,在食品包装袋上,要求标注重量.一般来说,标注的额定重量不是一个数,常常是"重量:100 ± 5 克"这种格式.这里有5克的偏差,它表明当额定重量(参数 θ)在95克与105克之间时,食品包装符合要求,否则可以认为是短斤少两.这里以区间[95 克,105 克]给出平均额定重量(参数 θ)的取值范围,要求平均额定重量"大致"在95克与105克之间,这种方法称为 θ 的区间估计.这里有几个问题需要澄清:

(1)"大致"在95克与105克之间的"大致"是什么意思?

(2)平均额定重量 θ 有无可能在区间[95 克,105 克]之外?

(3)95克与105克是如何求出的?

平均额定重量 θ 是未知的,它完全有可能在[95克,105克]之外. 那么,这个可能性有多大? 实际问题中,当然希望额定重量在[95克,105克]内的可能性尽可能地大,而落在这个区间之外的可能性尽可能地小. 一般来说,如果没有特殊说明,要求区间[95克,105克]能包含平均额定重量 θ 的概率为0.95,即有95%的把握保证区间[95克,105克]包含平均额定重量 θ,而落在区间[95克,105克]之外的可能性是 0.05. 这里将区间[95克,105克]称为平均额定重量 θ 的置信区间.

需要说明的是,类似的想法已经在介绍正态分布的 3σ 原则时有所体现,只是这里要用区间给出未知参数 θ 的取值范围,这也要依赖于样本信息. 也就是说,必须利用样本 $X_1, X_2, \cdots, X_n$ 来求置信区间. 由于置信区间完全由区间的端点决定,因此置信区间的两个端点是由样本 $X_1, X_2, \cdots, X_n$ 确定的两个统计量.

置信区间的定义
和求解步骤

下面给出置信区间的定义.

定义 5.1 设总体 X 的分布函数为 $F(x;\theta)$,其中 θ 为未知参数,$X_1, X_2, \cdots, X_n$ 为来自总体的简单随机样本. 对于给定的 $\alpha \in (0,1)$,如果由样本确定的两个统计量 $T_1(X_1, X_2, \cdots, X_n)$ 和 $T_2(X_1, X_2, \cdots, X_n)$ 满足

$$P(T_1 \leqslant \theta \leqslant T_2) = 1 - \alpha,$$

则称随机区间 $[T_1, T_2]$ 为参数 θ 的置信度(或置信水平)为 $1 - \alpha$ 的置信区间.

如果统计量 $T_1(X_1, X_2, \cdots, X_n)$ 满足

$$P(\theta \leqslant T_1) = 1 - \alpha(\text{或 } P(\theta \geqslant T_1) = 1 - \alpha),$$

则称 T_1 为参数 θ 的置信度为 $1 - \alpha$ 的单侧置信上限(或单侧置信下限).

这里有几点说明:

(1) 定义中 $P(T_1 \leqslant \theta \leqslant T_2) = 1 - \alpha$ 取等号,这对于连续型统计量是成立的,本书中遇到的都是此类统计量. 更严格的定义应该是 $P(T_1 \leqslant \theta \leqslant T_2) \geqslant 1 - \alpha$.

(2) 由于 T_1 和 T_2 是统计量,因此由 T_1 和 T_2 构成的置信区间 $[T_1, T_2]$ 也是随机区间,即每次试验都可能出现不同的结果.

(3) 所谓置信度就是指可信度,代表用区间 $[T_1, T_2]$ 估计参数 θ 的可靠程度. 例如置信度 $1 - \alpha = 0.95$,它表示如果重复抽样多次(假设各次得到的样本容量相等,均为 n),每个样本都可以确定一个区间 $[T_1, T_2]$,这样的区间要么包含 θ 的真值,要么不包含 θ 的真值. 理论上来说,在这些区间中,包含 θ 的真值的区间约占 $100(1-\alpha)\%$,不包含 θ 的真值的区间仅占 $100\alpha\%$. 例如,如果重复抽样100次,可

以得到 100 个区间 $[T_1, T_2]$，其中大约有 95 个区间包含 θ 的真值，而不包含 θ 的真值的区间大约有 5 个. 一般来说，在求置信区间之前必须先给出置信度，较多给定的是 0.90，0.95 或 0.99. 如果没有明确指出，通常约定置信度取 0.95.

（4）置信区间的长度 $T_2 - T_1$ 代表估计的精度，自然希望它越小越好；而同时还希望区间 $[T_1, T_2]$ 包含 θ 的真值的概率越大越好，也就是置信度越高越好. 但这两方面是相互克制的. 置信度越高，置信区间就越宽；置信度降低，置信区间的长度就会减少. 因此，通常的原则是优先考虑置信度，即在满足置信度 $1-\alpha$ 的前提下，再去求给定的置信度下精度最高的置信区间. 否则，只有增加样本容量才能解决.

构造未知参数 θ 的置信区间，就是在给定置信度 $1-\alpha$ 时，找出满足条件的区间端点 T_1 和 T_2，这两个统计量不但受到置信度的制约，同时也依赖于抽样分布的情形. 抽样分布不同，则结果就存在差别. 那么，如何确定 T_1 和 T_2，以得到置信区间 $[T_1, T_2]$? 由于实践中所遇到的总体在大多数情况下服从正态分布，或是近似服从正态分布，因而首先讨论正态总体下的总体参数的置信区间，然后简要介绍比率参数的置信区间.

1. 正态总体下的总体参数的置信区间

对于给定的置信度 $1-\alpha$，构造正态总体中参数 θ 的区间估计的基本思想是如下三步：

正态总体均值的
置信区间(1)

（1）从正态总体的六个已知的抽样分布（单总体、双总体各 3 个）中选一个只含有待估参数 θ 而不包含其他未知参数的抽样分布，记为 Y. 注意 Y 中包含待估参数 θ 及其点估计，也可能包含其他已知参数或未知参数的点估计.

（2）由于 Y 一定是服从四大抽样分布（$N(0,1)$、χ^2、t、F）中的一个，所以它的分位点 $Y_{\alpha/2}$，$Y_{1-\alpha/2}$ 能从附表中查到，且必然满足

$$P(Y_{1-\alpha/2} \leqslant Y \leqslant Y_{\alpha/2}) = 1-\alpha.$$

（3）由于 Y 中含有待估参数 θ，整理得到等价的不等式

$$P(T_1 \leqslant \theta \leqslant T_2) = 1-\alpha.$$

由于 T_1，T_2 中没有其他未知参数，是统计量，所以 $[T_1, T_2]$ 就是 θ 的置信度为 $1-\alpha$ 的置信区间. 注意对于连续型统计量，$\{T_1 \leqslant \theta \leqslant T_2\}$ 与 $\{T_1 < \theta < T_2\}$ 的概率相同.

类似地，如果在（2）中使用 $P(Y \leqslant Y_\alpha) = 1-\alpha$ 或 $P(Y \geqslant Y_{1-\alpha}) = 1-\alpha$，就可以求出参数 θ 的单侧置信限. 通常在求单侧置信下限时

正态总体均值的
置信区间(2)

使用第一个不等式,而在求单侧置信上限时使用第二个不等式.

例 5.1 某地区的磁场强度 $X \sim N(\mu, 20^2)$,现从该地区取 36 个点,测得样本观测值均值为 $x = 61.1$. 在 0.95 的置信度下求该地区平均磁场强度 μ 的置信区间.

解 这是单正态总体问题,且是求 μ 的置信区间.由于 σ 已知,所以利用

$$\frac{\overline{X} - \mu}{\sigma / \sqrt{n}} \sim N(0, 1)$$

可得

$$P\left(z_{1-\alpha/2} \leqslant \frac{\overline{X} - \mu}{\sigma / \sqrt{n}} \leqslant z_{\alpha/2}\right) = 1 - \alpha,$$

整理不等式得

$$P\left(\overline{X} - z_{\alpha/2}\frac{\sigma}{\sqrt{n}} \leqslant \mu \leqslant \overline{X} - z_{1-\alpha/2}\frac{\sigma}{\sqrt{n}}\right) = 1 - \alpha,$$

所以 μ 的置信度为 $1 - \alpha$ 的置信区间为

$$\left[\overline{X} - z_{\alpha/2}\frac{\sigma}{\sqrt{n}}, \overline{X} - z_{1-\alpha/2}\frac{\sigma}{\sqrt{n}}\right].$$

已知样本容量 $n = 36$,样本均值为 $x = 61.1$,总体方差 $\sigma^2 = 20^2$,$\alpha = 0.05$,$-z_{0.975} = z_{0.025} = 1.96$,代入数据得平均磁场强度 μ 的置信区间为 $[54.6, 67.6]$.

例 5.2 已知某种灯泡的寿命服从正态分布,现从一批灯泡中随机抽取 16 只作为样本,测得其平均使用寿命为 1 490 h,样本标准差为 25.4 h. 在 0.95 的置信度下求这批灯泡平均使用寿命 μ 的置信区间.

单正态总体方差的双侧置信区间

解 这是单正态总体问题,求 μ 的置信区间.由于 σ 未知,所以利用

$$\frac{\overline{X} - \mu}{S / \sqrt{n}} \sim t(n-1)$$

可得

$$P\left(t_{1-\alpha/2}(n-1) \leqslant \frac{\overline{X} - \mu}{S / \sqrt{n}} \leqslant t_{\alpha/2}(n-1)\right) = 1 - \alpha,$$

整理不等式得

$$P\left(\overline{X} - t_{\alpha/2}(n-1)\frac{S}{\sqrt{n}} \leqslant \mu \leqslant \overline{X} - t_{1-\alpha/2}(n-1)\frac{S}{\sqrt{n}}\right) = 1 - \alpha,$$

所以 μ 的置信度为 $1 - \alpha$ 的置信区间为

$$\left[\overline{X}-t_{\alpha/2}(n-1)\frac{S}{\sqrt{n}},\overline{X}-t_{1-\alpha/2}(n-1)\frac{S}{\sqrt{n}}\right].$$

已知 $n=16,x=1\,490,s=25.4,\alpha=0.05,-t_{0.975}(15)=t_{0.025}(15)=2.131\,4$，代入得 μ 的置信区间为 $[1\,476.47,1\,503.53]$.

例 5.3　设某车间生产的滚珠的直径 $X\sim N(\mu,\sigma^2)$，现从某日生产的滚珠中抽取 9 个，测得样本方差为 $s^2=0.25^2$. 在 0.95 的置信度下求总体方差的 σ^2 的置信区间.

解　这是单正态总体问题，求 σ^2 的置信区间. 由于 μ 未知，所以利用

$$\frac{n-1}{\sigma^2}S^2\sim\chi^2(n-1),$$

可得

$$P\left(\chi^2_{1-\frac{\alpha}{2}}(n-1)\leqslant\frac{n-1}{\sigma^2}S^2\leqslant\chi^2_{\frac{\alpha}{2}}(n-1)\right)=1-\alpha,$$

整理不等式得

$$P\left(\frac{(n-1)S^2}{\chi^2_{\frac{\alpha}{2}}(n-1)}\leqslant\sigma^2\leqslant\frac{(n-1)S^2}{\chi^2_{1-\frac{\alpha}{2}}(n-1)}\right)=1-\alpha,$$

从而得到 σ^2 的置信度为 $1-\alpha$ 的置信区间为

$$\left[\frac{(n-1)S^2}{\chi^2_{\frac{\alpha}{2}}(n-1)},\frac{(n-1)S^2}{\chi^2_{1-\frac{\alpha}{2}}(n-1)}\right].$$

已知 $n=9,s^2=0.25^2,\chi^2_{0.025}(8)=17.535,\chi^2_{0.975}(8)=2.180$，代入得 σ^2 的置信区间为 $[0.03,0.23]$.

例 5.4　某车间用两台型号相同的机器生产同一种产品，已知机器 A 生产的产品长度 $X\sim N(\mu_1,1)$，机器 B 生产的产品长度 $Y\sim N(\mu_2,1)$. 为了比较两台机器生产的产品的长度，现从 A 生产的产品中抽取 10 件，测得样本均值 $x=49.83$ cm. 从 B 生产的产品中抽取 15 件，测得样本均值 $y=50.24$ cm. 在 0.99 的置信度下求两总体均值差 $\mu_1-\mu_2$ 的置信区间.

解　这是双正态总体问题，求 $\mu_1-\mu_2$ 的置信区间，且两个总体方差 $\sigma_1^2=\sigma_2^2=1$ 已知，所以利用

$$\frac{(\overline{X}-\overline{Y})-(\mu_1-\mu_2)}{\sqrt{\frac{\sigma_1^2}{n_1}+\frac{\sigma_2^2}{n_2}}}\sim N(0,1),$$

单正态总体方差的单侧置信区间

得

$$P\left(z_{1-\frac{\alpha}{2}} \leqslant \frac{(\overline{X}-\overline{Y})-(\mu_1-\mu_2)}{\sqrt{\dfrac{\sigma_1^2}{n_1}+\dfrac{\sigma_2^2}{n_2}}} \leqslant z_{\frac{\alpha}{2}}\right)=1-\alpha,$$

整理不等式得

$$P\left((\overline{X}-\overline{Y})-z_{\frac{\alpha}{2}}\sqrt{\dfrac{\sigma_1^2}{n_1}+\dfrac{\sigma_2^2}{n_2}} \leqslant \mu_1-\mu_2 \leqslant (\overline{X}-\overline{Y})+z_{\frac{\alpha}{2}}\sqrt{\dfrac{\sigma_1^2}{n_1}+\dfrac{\sigma_2^2}{n_2}}\right)=1-\alpha,$$

从而得到 $\mu_1-\mu_2$ 的置信度为 $1-\alpha$ 的置信区间为

$$\left[(\overline{X}-\overline{Y})-z_{\frac{\alpha}{2}}\sqrt{\dfrac{\sigma_1^2}{n_1}+\dfrac{\sigma_2^2}{n_2}},(\overline{X}-\overline{Y})+z_{\frac{\alpha}{2}}\sqrt{\dfrac{\sigma_1^2}{n_1}+\dfrac{\sigma_2^2}{n_2}}\right].$$

已知 $n_1=10, n_2=15, x=49.83, y=50.24, \sigma_1=\sigma_2=1, z_{0.005}=2.58$, 代入得 $\mu_1-\mu_2$ 的置信区间为 $[-1.46, 0.64]$.

例 5.5 某车间用两台型号相同的机器生产同一种产品,机器 A 生产的产品长度 $X \sim N(\mu_1, \sigma^2)$,机器 B 生产的产品长度 $Y \sim N(\mu_2, \sigma^2)$. 为了比较两台机器生产的产品的长度,现从 A 生产的产品中抽取 10 件,测得样本均值 $x=49.83$ cm, 样本标准差 $s_1=1.09$ cm. 从 B 生产的产品中抽取 15 件,测得样本均值 $y=50.24$ cm,样本标准差 $s_2=1.18$ cm. 在 0.99 的置信度下求两总体均值差 $\mu_1-\mu_2$ 的置信区间.

解 这是双正态总体问题,求 $\mu_1-\mu_2$ 的置信区间,且两个总体方差相等但未知,所以利用

$$\frac{(\overline{X}-\overline{Y})-(\mu_1-\mu_2)}{S_w\sqrt{\dfrac{1}{n_1}+\dfrac{1}{n_2}}} \sim t(n_1+n_2-2),$$

得

$$P\left(t_{1-\alpha/2}(n_1+n_2-2) \leqslant \frac{(\overline{X}-\overline{Y})-(\mu_1-\mu_2)}{S_w\sqrt{\dfrac{1}{n_1}+\dfrac{1}{n_2}}} \leqslant t_{\alpha/2}(n_1+n_2-2)\right)=1-\alpha,$$

整理不等式得

$$P\left(\overline{X}-\overline{Y}-t_{\alpha/2}(n_1+n_2-2)S_w\sqrt{\dfrac{1}{n_1}+\dfrac{1}{n_2}} \leqslant \mu_1-\mu_2\right.$$

$$\leqslant \overline{X} - \overline{Y} + t_{\alpha/2}(n_1 + n_2 - 2)S_w\sqrt{\frac{1}{n_1} + \frac{1}{n_2}}\Big) = 1 - \alpha,$$

所以 $\mu_1 - \mu_2$ 的置信度为 $1 - \alpha$ 的置信区间为

$$\left[\overline{X} - \overline{Y} - t_{\alpha/2}(n_1 + n_2 - 2)S_w\sqrt{\frac{1}{n_1} + \frac{1}{n_2}}, \overline{X} - \overline{Y} + t_{\alpha/2}(n_1 + n_2 - 2)S_w\sqrt{\frac{1}{n_1} + \frac{1}{n_2}}\right].$$

已知 $n_1 = 10, n_2 = 15, x = 49.83, s_1 = 1.09, y = 50.24, s_2 = 1.18, t_{0.005}(23) = 2.807\,3$，代入得 $\mu_1 - \mu_2$ 的置信区间为 $[-1.72, 0.9]$。

例 5.6　在 0.95 的置信度下，求例 5.5 中两总体方差比 $\dfrac{\sigma_1^2}{\sigma_2^2}$ 的置

信区间.

双正态总体参
数的置信区间

解　这是双正态总体问题，求 $\dfrac{\sigma_1^2}{\sigma_2^2}$ 的置信区间，于是利用

$$\frac{S_1^2}{S_2^2} \cdot \frac{\sigma_2^2}{\sigma_1^2} \sim F(n_1 - 1, n_2 - 1),$$

得

$$P\left(F_{1-\frac{\alpha}{2}}(n_1 - 1, n_2 - 1) \leqslant \frac{S_1^2}{S_2^2} \cdot \frac{\sigma_2^2}{\sigma_1^2} \leqslant F_{\frac{\alpha}{2}}(n_1 - 1, n_2 - 1)\right) = 1 - \alpha,$$

整理不等式得

$$P\left(\frac{S_1^2}{S_2^2}\frac{1}{F_{\frac{\alpha}{2}}(n_1 - 1, n_2 - 1)} \leqslant \frac{\sigma_1^2}{\sigma_2^2} \leqslant \frac{S_1^2}{S_2^2}\frac{1}{F_{1-\frac{\alpha}{2}}(n_1 - 1, n_2 - 1)}\right) = 1 - \alpha,$$

因此得到 $\dfrac{\sigma_1^2}{\sigma_2^2}$ 的置信度为 $1 - \alpha$ 的置信区间为

$$\left[\frac{S_1^2}{S_2^2}\frac{1}{F_{\frac{\alpha}{2}}(n_1 - 1, n_2 - 1)}, \frac{S_1^2}{S_2^2}\frac{1}{F_{1-\frac{\alpha}{2}}(n_1 - 1, n_2 - 1)}\right].$$

已知 $n_1 = 10, n_2 = 15, \dfrac{s_1^2}{s_2^2} = 0.853, F_{0.025}(9, 14) = 3.21, F_{0.975}(9, 14) =$

$\dfrac{1}{F_{0.025}(14, 9)} = \dfrac{1}{3.77}$，代入得 $\dfrac{\sigma_1^2}{\sigma_2^2}$ 的置信区间为 $[0.27, 3.22]$。

例 5.7　为估计制造某种产品单件所需的平均工作时间（单位：h），现制造 5 件，得所需工时如下：

$$10.5, 11, 11.2, 12.5, 12.8$$

设制造单件产品所需工作时间 $X \sim N(\mu,\sigma^2)$. 试求 μ 的 0.95 的单侧置信上限和标准差 σ 的 0.95 的单侧置信上限.

解 （1）这是单正态总体问题，求 μ 的单侧置信上限，而 σ^2 未知，所以利用

$$\frac{\overline{X}-\mu}{S/\sqrt{n}} \sim t(n-1),$$

得

$$P\left(t_{1-a}(n-1) \leqslant \frac{\overline{X}-\mu}{S/\sqrt{n}}\right) = 1-\alpha,$$

整理不等式得

$$P(\mu \leqslant \overline{X} + t_a(n-1)S/\sqrt{n}) = 1-\alpha,$$

所以 μ 的置信度为 $1-\alpha$ 的单侧置信上限为

$$\overline{X} + t_a(n-1)\frac{S}{\sqrt{n}}.$$

通过计算可知 $x=11.6, s^2=0.995, n=5, t_{0.05}(4)=2.131\ 8$，代入得 $x + t_a(n-1)\frac{s}{\sqrt{n}} = 12.55$，即制造单件产品所需工作时间最多为 12.55 h.

（2）求标准差 σ 的 0.95 的单侧置信上限，首先求 σ^2 的 0.95 的单侧置信上限. 此时，由

$$\frac{n-1}{\sigma^2}S^2 \sim \chi^2(n-1),$$

得

$$P\left(\frac{(n-1)S^2}{\sigma^2} \geqslant \chi^2_{1-\alpha}(n-1)\right) = 1-\alpha,$$

整理不等式得

$$P\left(\sigma^2 \leqslant \frac{(n-1)S^2}{\chi^2_{1-\alpha}(n-1)}\right) = 1-\alpha,$$

所以 σ^2 的置信度为 $1-\alpha$ 的单侧置信上限为 $\dfrac{(n-1)S^2}{\chi^2_{1-\alpha}(n-1)}$. 通过计算可知 $s^2 = 0.995, n=5, \chi^2_{0.95}(4)=0.711$，代入得 σ^2 的 0.95 的单侧置信上限为 5.598. 故标准差 $\sigma = \sqrt{\sigma^2}$ 的 0.95 的单侧置信上限为 $\sqrt{5.598} = 2.366$.

若题中求参数的函数的置信区间，则先求参数本身的置信区间，再做函数处

理.

2. 比率参数的置信区间

比率参数的
置信区间

实践中如果考虑试验结果只有两种可能,比率 p 是经常会遇到的一个量,如产品是否合格,病人是否生存,种子是否发芽等. 此时往往把总体看成是两点分布 $B(1,p)$,分布列为

$$P(X=1)=p,\quad P(X=0)=1-p,$$

并且有

$$E(X)=p,\quad Var(X)=p(1-p).$$

从该总体中抽得样本容量为 n 的样本 $X_1,X_2,\cdots,X_n$,由分布间的关系可知 $\sum_{i=1}^{n}X_i \sim B(n,p)$,参数 p 的点估计取为 $\hat{p}=\overline{X}$,并且

$$E(\overline{X})=p,\quad Var(\overline{X})=\frac{p(1-p)}{n}.$$

下面求参数 p 的区间估计.

在实践中,对比率 p 的估计,往往是针对样本量 n 很大的情况,根据棣莫弗 - 拉普拉斯中心极限定理,在大样本下近似地有

$$\frac{\overline{X}-p}{\sqrt{\dfrac{p(1-p)}{n}}} \sim N(0,1),$$

式中的方差 $\dfrac{p(1-p)}{n}$ 是未知的,用 $\hat{p}=\overline{X}$ 来估计 p,则近似地有

$$\frac{\overline{X}-p}{\sqrt{\dfrac{\overline{X}(1-\overline{X})}{n}}} \sim N(0,1),$$

因此可得 p 的置信区间为

$$\left[\overline{X}-\sqrt{\frac{\overline{X}(1-\overline{X})}{n}} \cdot z_{\frac{\alpha}{2}},\overline{X}+\sqrt{\frac{\overline{X}(1-\overline{X})}{n}} \cdot z_{\frac{\alpha}{2}}\right].$$

例 5.8　某企业生产一批芯片,随机地抽取 100 个检测. 如果其中 80 个符合标准,以 p 记这批芯片的良品率,求 p 的区间估计($\alpha=0.05$).

解　这是比率问题,求 p 的置信区间,于是近似地有

$$\frac{\overline{X} - p}{\sqrt{\dfrac{\overline{X}(1-\overline{X})}{n}}} \sim N(0,1),$$

得

$$P\left(-z_{\frac{\alpha}{2}} \leqslant \frac{\overline{X} - p}{\sqrt{\dfrac{\overline{X}(1-\overline{X})}{n}}} \leqslant z_{\frac{\alpha}{2}}\right) = 1 - \alpha,$$

整理不等式得

$$P\left(\overline{X} - \sqrt{\frac{\overline{X}(1-\overline{X})}{n}} \cdot z_{\frac{\alpha}{2}} \leqslant p \leqslant \overline{X} + \sqrt{\frac{\overline{X}(1-\overline{X})}{n}} \cdot z_{\frac{\alpha}{2}}\right) = 1 - \alpha,$$

因此得到 p 的置信度为 $1-\alpha$ 的置信区间为

$$\left[\overline{X} - \sqrt{\frac{\overline{X}(1-\overline{X})}{n}} \cdot z_{\frac{\alpha}{2}}, \overline{X} + \sqrt{\frac{\overline{X}(1-\overline{X})}{n}} \cdot z_{\frac{\alpha}{2}}\right].$$

已知 $x = 80/100 = 0.8$,代入得 p 的置信度为 $1-\alpha$ 的置信区间为 $[0.721\ 6,$ $0.878\ 4]$.抽样检测说明,可以有 95% 的把握认为这批芯片良品率在 72.16% 至 87.84% 之间.

其实在很多实际问题中,我们只关心参数的置信下限或置信上限. 例如,我国菱镁矿储量占世界的 25%,辽宁省又占全国储量的 90%;海关对氧化镁含量在 70% 以上的产品实行出口配额制度,因此海关检验部门非常关注 70% 这个上限;再如产品的不合格率,我们通常会关注下限. 以下给出单侧置信限的求法.

(1) 若 $\hat{\theta}_2$ 为 θ 的置信上限,则有

$$P(\theta \leqslant \hat{\theta}_2) = 1 - \alpha;$$

(2) 若 $\hat{\theta}_1$ 为 θ 的置信下限,则有

$$P(\theta \geqslant \hat{\theta}_1) = 1 - \alpha.$$

对于比率 p 来说,可以得到 p 的置信度为 $1-\alpha$ 的置信上、下限分别为

(1) 置信上限

$$\hat{p}_2 = \overline{X} + \sqrt{\frac{\overline{X}(1-\overline{X})}{n}} z_{\alpha};$$

（2）置信下限

$$\hat{p}_1 = \overline{X} - \sqrt{\frac{\overline{X}(1-\overline{X})}{n}} z_a.$$

例 5.9　某医院考察鸡尾酒疗法对于我国艾滋病患者是否有效，随机挑选 100 位患者，跟踪调查 4 年后死亡 67 人，求死亡率 p 的置信下限（$\alpha = 0.05$）.

求置信区间
的步骤

解　这是比率问题，求 p 的单侧置信区间，于是近似地有

$$\frac{\overline{X} - p}{\sqrt{\frac{\overline{X}(1-\overline{X})}{n}}} \sim N(0,1),$$

得

$$P\left(\frac{\overline{X} - p}{\sqrt{\frac{\overline{X}(1-\overline{X})}{n}}} \leqslant z_a \right) = 1 - \alpha,$$

整理不等式得

$$P\left(p \geqslant \overline{X} - \sqrt{\frac{\overline{X}(1-\overline{X})}{n}} \cdot z_a \right) = 1 - \alpha,$$

因此得到 p 的置信度为 $1 - \alpha$ 的置信下限为

$$\overline{X} - \sqrt{\frac{\overline{X}(1-\overline{X})}{n}} \cdot z_a.$$

已知 $x = 67/100 = 0.67$，代入得 p 的置信下限为 0.5926569，即有 95% 的把握断言，死亡率不小于 59.27%.

5.2　假设检验

假设检验 背景

前面讨论了总体中未知参数的区间估计问题，其前提是总体的分布形式已知. 统计推断还有另外一类重要问题，即在总体的分布类型已知时，通过样本判断参数是否取某个或某些值. 根据专业的知识或以往的经验，人们预先对总体参数存在一

定的"认识",但不确定这种"认识"是否正确.为此提出某些关于参数的假设,然后根据样本对所提出的假设做出判断,是接受原假设还是拒绝原假设.这就是本章所讨论的另一种统计推断的方法 —— 假设检验.

假设检验是统计推断的另一项重要内容,它与参数估计类似,都是建立在抽样分布理论基础之上的,但角度不同.参数估计是利用样本信息推断未知的总体参数,而假设检验则是先对总体参数提出一个假设值,然后利用样本信息判断这一假设是否成立.假设检验在许多领域中都有应用.

本节主要介绍假设检验的基本概念和原理,并解决总体为正态分布和两点分布时的参数假设检验问题.总体为其他分布类型的假设检验问题处理起来更复杂,但可以利用本节的思想和方法类似解决.

1. 假设检验问题的提法

首先通过两个例子,来说明假设检验的一般提法.

例 5.10 某车间用一台自动包装机包装葡萄糖,额定标准每袋净重 0.5 kg,设包装机包装的葡萄糖每袋质量 $X \sim N(\mu, 0.015^2)$.某日,从包装机包装的葡萄糖中随机抽取 9 袋,称得净重分别为

  0.497 0.506 0.518 0.524 0.498 0.511 0.520 0.515 0.512

问当日该包装机工作是否正常?

例 5.11 某手机生产厂家在其宣传广告中,声称他们生产的某品牌手机待机的平均时间至少为 71.5 h.质检部门检查了该厂生产的这种手机 6 部,得到待机时间分别为

$$69 \quad 68 \quad 72 \quad 70 \quad 66 \quad 75$$

假设手机的待机时间 $X \sim N(\mu, \sigma^2)$,由样本数据能否判断该广告有欺骗消费者之嫌?

假设检验
基本概念

上面这两个例子所代表的问题很普遍,它们有两个共同点:首先都对总体的参数存在一定的"认识"(称为"假设"),如例 5.10 中的"额定标准每袋净重0.5 kg",例 5.11 中"待机的平均时间至少为71.5 h";其次需要利用样本观测值去判断这种"假设"是否成立.

这里所说的"认识",是一种设想.研究者在检验一种新理论时,通常要先提出

一种自己认为正确的看法,即假设.至于它是否真的正确,在建立假设之前并不知道,需要通过样本信息验证该"假设"是否正确.这一过程称为假设检验.

假设检验的过程如何实现呢? 下面具体来分析,以便导出假设检验的一般步骤.在例 5.10 中,已知总体方差 $\sigma^2 = 0.015^2$,而 μ 未知,要判断的是该日包装机是否正常工作.根据题意,所谓包装机是否正常工作,即包装出的葡萄糖每袋净重的均值是否等于 0.5 kg. 显然,如果均值等于 0.5 kg,就是正常工作,并用 $\mu = \mu_0 = 0.5$ 的形式提出假设,通常记为 $H_0:\mu = 0.5$,称为原假设(或零假设).这里"H"指的是英文单词 Hypothesis(假设)的首字母.但这个假设不一定是正确的,还需要考虑另外一个方面,即"不正常工作",也就是 X 的均值不等于 0.5 kg. 由此,同时提出与原假设对立的假设 $H_1:\mu \neq 0.5$,称为备择假设.这样,要解决例 5.10 的问题,首先要提出原假设和备择假设:

$$H_0:\mu = 0.5, \quad H_1:\mu \neq 0.5,$$

这里 H_0 和 H_1 有且仅有一个是正确的. 如果 $H_0:\mu = 0.5$ 成立,这就表明样本均值 $\overline{X}$ 与 μ_0 的偏差不应过大,也就是事件 $\{|\overline{X} - \mu_0| \leqslant a\}$ 应是一个大概率事件,在一次抽样试验中应能正常发生,这里 a 表示 $\overline{X}$ 与 μ_0 的偏差. 反之,$\{|\overline{X} - \mu_0| > a\}$ 在 H_0 为真时是小概率事件,即它应该满足

$$P(|\overline{X} - \mu_0| > a) = \alpha,$$

其中 α 是一个小的正数($0 < \alpha < 1$),称其为显著性水平. 由于此时 $\overline{X} \sim N\left(\mu_0, \dfrac{\sigma^2}{n}\right)$,因而可以改写为

$$P\left(\left|\dfrac{\overline{X} - \mu_0}{\sigma/\sqrt{n}}\right| > z_{\alpha/2}\right) = \alpha.$$

那么 $\left\{\left|\dfrac{\overline{X} - \mu_0}{\sigma/\sqrt{n}}\right| > z_{\alpha/2}\right\}$ 就是小概率事件,而小概率事件在一次抽样试验中不应该发生.如果取 $\alpha = 0.05$,则 $z_{0.025} = 1.96$. 又知 $n = 9, \sigma = 0.015, \mu_0 = 0.5$,计算得 $x = 0.511$. 将这些数据代入,有

$$\dfrac{x - \mu_0}{\sigma/\sqrt{n}} = 2.2 > 1.96 = z_{0.025}.$$

这说明小概率事件发生了,也就是说包装机不正常工作.因此在这种情况下,应拒绝 H_0,接受 H_1.

在上面的例子中备择假设 H_1 表示只要 $\mu > 0.5$ 或 $\mu < 0.5$ 中有一个成立,就可以拒绝 H_0,因而形如

$$H_0 : \theta = \theta_0, \quad H_1 : \theta \neq \theta_0$$

的假设检验称为**双侧检验**.但在某些情况下需要如下形式的单侧检验:

(1) 右侧检验

$$H_0 : \theta = \theta_0 (\text{或 } H_0 : \theta \leqslant \theta_0), H_1 : \theta > \theta_0;$$

(2) 左侧检验

$$H_0 : \theta = \theta_0 (\text{或 } H_0 : \theta \geqslant \theta_0), H_1 : \theta < \theta_0.$$

原假设 H_0 和备择假设 H_1 的选取在实际问题中常常是首先要解决的,选取的原则有如下两条:一是原假设 H_0 往往代表正常或者普遍情况,如某个工厂的产品是合格品的情况,研发一种新药不成功的情况;二是等号往往出现在原假设 H_0 中.原假设 H_0 在选取的过程中常常是受到保护的,同时我们要注意到原假设 H_0 和备择假设 H_1 的选取有时是要考虑其他因素而确定的,因此可能对于同一个问题,考虑问题的角度不同也会得到不同的选取结果.

前面的例子分析过程中包含了反证法的思想,但是与真正的反证法是有区别的,只能说是一种基于小概率原则的反证法.

"小概率事件原则" 是说概率很小的事件在一次试验中一般不会发生.其含义可以简单理解为:设 A, B 是一次试验中的两个事件,如果 $P(A) > P(B)$,那么在一次试验中事件 A 更可能发生;反之,如果在一次试验中,事件 B 发生了而 A 没有发生,那么可以推断 $P(A) > P(B)$ 的假设错了,应该认为 $P(A) < P(B)$.这是构造假设检验的原理.

假设检验
两类错误

2. 两类错误

假设检验是根据小概率事件原则来判断的,但是大家都知道小概率事件也是可能发生的,也就是说我们可能犯错误.具体来讲,所犯错误主要有两类(表 5-1):

(1) 第一类错误(弃真)

当 H_0 实际上为真时,检验结果却是拒绝 H_0,称为**弃真**.犯第一类错误的概率就是显著性水平 α,即

$$P(拒绝\ H_0 \mid H_0\ 为真)=\alpha.$$

(2) 第二类错误(取伪)

当 H_0 实际上为不真时,检验结果却是接受 H_0,称为**取伪**.犯第二类错误的概率通常记为 β,即

$$P(接受\ H_0 \mid H_0\ 不真)=\beta.$$

表 5-1　　　　　　　两类错误

判断 真实情况	接受 H_0	拒绝 H_0
H_0 真	正确	第一类错误
H_0 不真	第二类错误	正确

检验中自然希望不犯错误,或者犯错误的概率越小越好,但是犯这两类错误的概率不可能同时减小,通常的做法是在给定犯第一类错误的概率 α 的条件下,尽量减小犯第二类错误的概率 β.

3. 正态总体假设检验的基本步骤

对于正态总体参数的假设检验问题,由前面的讨论可以得出双侧假设检验的基本步骤:

(1) 根据实际问题提出原假设 H_0 和备择假设 H_1.

(2) 在 H_0 成立的情况下,确定检验统计量 Y 及所服从的分布.从正态总体的六个已知的抽样分布(单总体、双总体各 3 个)中选一个只含有待检验的参数 θ 及其点估计,以及其他的已知参数或者未知参数的点估计,记为 Y,并称之为检验统计量.注意将 Y 中的参数 θ 取为 H_0 下的具体值.

(3) 考察样本来自 H_0 和 H_1 对应的总体时,检验统计量 Y 取值的差异,确定小概率事件的形式.例如样本来自 H_0,则 Y 接近于 0;样本来自 H_1,则 Y 不接近于 0,故必然满足

$$P(Y<Y_{1-\alpha/2}\ 或\ Y>Y_{\alpha/2})=\alpha.$$

那么 $\{Y<Y_{1-\alpha/2}\ 或\ Y>Y_{\alpha/2}\}$ 就是小概率事件,又称为**拒绝域**.由于 Y 的分布一定是四大分布($N(0,1)$、χ^2、t、F)中的一个,所以它的分位点 $Y_{\alpha/2}$、$Y_{1-\alpha/2}$ 能从附

假设检验 显著
性检验及其步骤

表中查到.

(4) 由于 Y 中没有未知参数 θ,所以将已知数据代入即可把 Y 求出.

(5) 如果 $Y < Y_{1-\alpha/2}$ 或 $Y > Y_{\alpha/2}$ 有一个成立,就拒绝 H_0,否则接受 H_0.

如果是左侧检验或右侧检验,经过比较检验统计量 Y 在 H_0 和 H_1 对应的总体时取值的差异,那么只需要将 $P(Y < Y_{1-\alpha/2}$ 或 $Y > Y_{\alpha/2}) = \alpha$ 换成

$$P(Y < Y_{1-\alpha}) = \alpha \text{ 或 } P(Y > Y_{\alpha}) = \alpha.$$

此时拒绝域分别为 $\{Y < Y_{1-\alpha}\}$ 或 $\{Y > Y_{\alpha}\}$.

下面针对正态总体参数的假设检验进行具体讨论.

例 5.12 根据资料显示,某工厂生产的轴承的使用寿命(单位:h)$X \sim N(1\,020, 100^2)$.现从最近生产的一批产品中随机抽取 16 件,测得样本平均寿命为 1 080 h.试在 0.05 的显著性水平下,判断这批轴承的使用寿命是否有显著提高?

解 根据题意提出假设为

$$H_0 : \mu \leqslant 1\,020, \quad H_1 : \mu > 1\,020.$$

这是单正态总体对 μ 的右侧检验问题,且 σ^2 已知,所以在 H_0 成立的情况下应使用检验统计量

$$Z = \frac{\overline{X} - \mu}{\sigma/\sqrt{n}} \sim N(0, 1),$$

注意 Z 中的 μ 满足 $\mu \leqslant 1\,020$.由于统计量 Z 在 H_0 下接近于 0,而在 H_1 下偏大,于是得

$$P\left(\frac{\overline{X} - \mu_0}{\sigma/\sqrt{n}} > z_\alpha\right) \leqslant P(Z > z_\alpha) = \alpha,$$

故拒绝域为 $\left\{\dfrac{\overline{X} - \mu_0}{\sigma/\sqrt{n}} > z_\alpha\right\}$.

已知 $n = 16, \overline{x} = 1\,080, \mu_0 = 1\,020, \sigma = 100$,代入可得

$$\frac{1\,080 - 1\,020}{100/\sqrt{16}} = 2.4 > 1.645 = z_{0.05},$$

因此应该拒绝 H_0,接受 H_1.也就是说在 0.05 的显著性水平下,这批轴承的使用寿命有显著提高.

例 5.13 在 0.05 的显著性水平下,解答例 5.11 的问题.

解   要检验"该广告是否有欺骗消费者之嫌",则由题设,提出
假设:

单总体U检验
双侧检验

$$H_0:\mu=71.5,\quad H_1:\mu<71.5.$$

这是单正态总体对 μ 的左侧检验问题,且 σ^2 未知,故在 H_0 成
立的情况下使用检验统计量

$$t=\frac{\overline{X}-\mu_0}{S/\sqrt{n}}\sim t(n-1).$$

注意 t 取的是 μ_0 而非 μ. 由于统计量 t 在 H_0 下接近于 0,而在 H_1 下偏小,于是得

$$P(t<t_{1-\alpha}(n-1))=\alpha,$$

拒绝域为 $\{t<t_{1-\alpha}(n-1)\}$.

已知 $n=6,\bar{x}=\dfrac{\sum\limits_{i=1}^{6}x_i}{6}=70,s=\sqrt{\dfrac{\sum\limits_{i=1}^{6}(x_i-\bar{x})^2}{5}}=3.2,\mu_0=71.5$,代入得

$$t=\frac{70-71.5}{3.2/\sqrt{6}}=-1.15>-t_{0.05}(5)=-2.015,$$

故接受 H_0,即在 0.05 的显著性水平下,不能认为该广告有欺骗消费者之嫌.

例 5.14   设某工厂生产的螺丝的直径 $X\sim N(\mu,\sigma^2)$,现从某
日生产的螺丝中抽取 9 个,测得样本方差为 $s^2=0.25^2$,在显著性水
平 0.05 下可否认为总体方差 $\sigma^2=0.36^2$?

单总体U检验
右单侧检验

解   由题设,提出假设:

$$H_0:\sigma^2=0.36^2,\quad H_1:\sigma^2\neq0.36^2.$$

这是单正态总体对 σ^2 的双侧检验问题,在 H_0 成立的情况下使用检验统计量

$$\chi^2=\frac{n-1}{0.36^2}S^2\sim\chi^2(n-1).$$

由于统计量 χ^2 在 H_0 下接近于 $n-1$,而在 H_1 下不接近于 $n-1$,于是得

$$P(\chi^2<\chi^2_{1-\alpha/2}(n-1)\ 或\ \chi^2>\chi^2_{\alpha/2}(n-1))=\alpha,$$

拒绝域为 $\{\chi^2<\chi^2_{1-\alpha/2}(n-1)\ 或\ \chi^2>\chi^2_{\alpha/2}(n-1)\}$.

已知 $n=9,s^2=0.25^2$,代入得 $\chi^2=\dfrac{625}{162}\approx3.858$,而 $\chi^2_{0.025}(8)=17.535$,

$\chi^2_{0.975}(8)=2.180$，所以应接受原假设，认为总体方差 $\sigma^2=0.36^2$.

例 5.15 某公司有甲、乙两个分厂，公司管理层认为甲分厂工人的生产效率要高于乙分厂工人的生产效率. 现从甲分厂随机抽取 10 名工人生产某种工件，测得平均所用时间 $x=20$ 分钟，样本标准差 $s_1=4$ 分钟；从乙分厂随机抽取 20 名工人完成相同的工作，测得平均所用时间 $y=25$ 分钟，样本标准差 $s_2=5$ 分钟. 假设工人生产这种工件所用时间均服从正态分布，且总体方差相等. 在 0.01 的显著性水平下，是否可以认为公司管理层的判断是可靠的？

单总体U检验
左单侧检验

解 提出假设如下：

$$H_0:\mu_1=\mu_2,H_1:\mu_1<\mu_2.(\text{或} H_0:\mu_1-\mu_2=0,H_1:\mu_1-\mu_2<0)$$

这是双正态总体对 $\mu_1-\mu_2$ 的左侧检验问题，且 $\sigma_1^2=\sigma_2^2$ 未知，在 H_0 成立的情况下使用检验统计量

$$t=\frac{(\overline{X}-\overline{Y})-(\mu_1-\mu_2)}{S_w\sqrt{\dfrac{1}{n_1}+\dfrac{1}{n_2}}}\sim t(n_1+n_2-2).$$

由于统计量 t 在 H_0 下接近于 0，而在 H_1 下偏小，于是得

$$P(t<t_{1-\alpha}(n_1+n_2-2))=\alpha,$$

拒绝域为 $\{t<t_{1-\alpha}(n_1+n_2-2)\}$.

已知 $n_1=10,x=20,s_1=4,n_2=20,y=25,s_2=5$，代入得

$$t=\frac{(20-25)-0}{\sqrt{\dfrac{22.11}{10}+\dfrac{22.11}{20}}}=-2.75<-t_{0.01}(28)=-2.47.$$

故拒绝 H_0，即在 0.01 的显著性水平下，可以认为公司管理层的判断是可靠的.

例 5.16 一家房地产开发公司准备购进一批灯泡，有两个供货商可供选择. 这两家供货商的灯泡平均使用寿命差别不大，价格也很相近，考虑的主要因素就是灯泡使用寿命的方差大小. 如果方差相同，就选择距离较近的供货商进货. 为此，公司管理人员对两家供货商提供的样品进行了检测，得知供货商甲提供的 20 个样品的方差 $s_1^2=3\,675.46$，供货商乙提供的 15 个样品的方差 $s_2^2=2\,431.43$. 试在 0.05 的显著性水平下，检验两家供货商的灯泡的使用寿命的方差是否有显著性差异？

解 提出假设如下：

$$H_0 : \sigma_1^2 = \sigma_2^2, \quad H_1 : \sigma_1^2 \neq \sigma_2^2 \quad (\text{或 } H_0 : \frac{\sigma_1^2}{\sigma_2^2} = 1, H_1 : \frac{\sigma_1^2}{\sigma_2^2} \neq 1).$$

这是双正态总体对 $\frac{\sigma_1^2}{\sigma_2^2}$ 的双侧检验问题,在 H_0 成立的情况下使

正态总体参数
检验 单总体方差

用检验统计量

$$F = \frac{S_1^2}{S_2^2} \sim F(n_1 - 1, n_2 - 1).$$

由于统计量 F 在 H_0 下接近于 1,而在 H_1 下不接近于 1,于是得
$$P(F < F_{1-\alpha/2}(n_1 - 1, n_2 - 1) \text{ 或 } F > F_{\alpha/2}(n_1 - 1, n_2 - 1)) = \alpha,$$
拒绝域为

正态总体参数
检验 两总体
的方差,均值

$$\{F < F_{1-\alpha/2}(n_1 - 1, n_2 - 1) \text{ 或 } F > F_{\alpha/2}(n_1 - 1, n_2 - 1)\}.$$

已知 $s_1^2 = 3\ 675.46, s_2^2 = 2\ 431.43$,代入得

$$F = 1.51.$$

而 $F_{0.025}(14, 19) = 2.62$,故

$$F_{0.975}(19, 14) = \frac{1}{F_{0.025}(14, 19)} = 0.38.$$

正态总体参数
检验 两总体
均值的t检验

由于 $0.38 < 1.51 < F_{0.025}(19, 14) = 2.84$,故接受 H_0,即在
0.05 的显著性水平下,可以认为两家供货商的灯泡的使用寿命的方
差没有显著性差异.

4. 频率的假设检验

非正态总体参数的假设检验通常是在大样本情形下进行的.
设有来自某一未知分布(或已知非正态)总体的样本 $X_1, X_2, \cdots,$

频率假设检验

X_n,若假设 $E(X) = \mu, \text{Var}(X) = \sigma^2$,当样本容量 n 足够大时,由中心极限定理可知

近似地有: $\dfrac{n\overline{X} - n\mu}{\sigma\sqrt{n}} \sim N(0, 1)$. 可利用这种方法进行总体频率的假设检验.

设某工厂生产的产品的不合格率为 p,即总体 X 服从两点分布 $B(1, p)$,从总
体中抽取容量为 n 的样本,其中不合格数为 m,对于已知的 p_0 要检验:

$$H_0 : p \leqslant p_0, \quad H_1 : p > p_0.$$

一般工厂生产的大部分产品都是合格品,因此 H_0 应为产品合格.科学试验中
关心成功率,一般 H_0 应为不成功.总之,H_0 的取法应根据实际问题确定.这是单

总体问题,根据棣莫弗 - 拉普拉斯中心极限定理,在大样本下,在 H_0 成立的条件下近似地有

$$Z = \frac{\overline{X} - p}{\sqrt{\dfrac{p(1-p)}{n}}} \sim N(0,1),$$

其中 $p \leqslant p_0$. 给定水平 α,有小概率事件

$$P\left\{ \frac{\overline{X} - p_0}{\sqrt{\dfrac{p_0(1-p_0)}{n}}} > Z_\alpha \right\} \approx P\left\{ \frac{\overline{X} - p_0}{\sqrt{\dfrac{p(1-p)}{n}}} > Z_\alpha \right\} \leqslant P\left\{ \frac{\overline{X} - p}{\sqrt{\dfrac{p(1-p)}{n}}} > Z_\alpha \right\} = \alpha,$$

故拒绝域为 $\left\{ \dfrac{\overline{X} - p_0}{\sqrt{\dfrac{p_0(1-p_0)}{n}}} > Z_\alpha \right\}$.

例 5.17 一家计算机芯片厂声称他们的芯片产品不合格率控制在 2% 以下. 另一家电子公司购买了一批芯片,为了验证是否符合要求,随机挑选出 300 个芯片测试,发现有 10 个芯片不合格. 问这批芯片是否应被退回($\alpha = 0.05$)?

解 要检验这批芯片是否符合要求,则由题设,提出假设:

$$H_0: p \leqslant p_0 = 0.02, \quad H_1: p > p_0 = 0.02.$$

这是单总体对 p 的右侧检验问题,故在 H_0 成立的情况下取检验统计量

$$Z = \frac{\overline{X} - p}{\sqrt{\dfrac{p(1-p)}{n}}} \sim N(0,1).$$

注意 $H_0: p \leqslant p_0 = 0.02$. 由于统计量 Z 在 H_0 下接近于 0,而在 H_1 下偏大,于是得

$$P\left\{ \frac{\overline{X} - p_0}{\sqrt{\dfrac{p_0(1-p_0)}{n}}} > Z_\alpha \right\} \approx P\left\{ \frac{\overline{X} - p_0}{\sqrt{\dfrac{p(1-p)}{n}}} > Z_\alpha \right\}$$

$$\leqslant P\left\{ \frac{\overline{X} - p}{\sqrt{\dfrac{p(1-p)}{n}}} > Z_\alpha \right\} = \alpha,$$

拒绝域为 $\left\{\dfrac{\overline{X}-p_0}{\sqrt{\dfrac{p_0(1-p_0)}{n}}}>Z_\alpha\right\}$.

已知 $x=\dfrac{10}{300},n=300,\alpha=0.05,z_{0.05}=1.645$,代入得

$$\dfrac{0.033-0.02}{\sqrt{\dfrac{0.02\times 0.98}{300}}}=1.649\,572>z_{0.05}=1.645,$$

故拒绝 H_0,即这批芯片应被退回.

统计学家小传

耶日·内曼(Jerzy Neyman,1894—1981),1894 年 4 月 16 日生于俄国宾杰里,1981 年 8 月 5 日逝世.1917 年毕业于原苏联哈尔科夫大学,1923 年博士毕业于波兰华沙大学,后辗转于伦敦、巴黎、华沙、斯德哥尔摩等大学任教,1938 年担任美国加利福尼大学伯克利分校数学教授.

内曼是区间估计和假设检验的统计理论的创始人之一,提出了置信区间的概念,建立置信区间估计理论. 他与皮尔逊的儿子小皮尔逊合著《统计假设试验理论》,将假设检验问题转化为最优化问题,发展了假设检验的数学理论. 内曼将统计理论应用于遗传学、医学诊断、天文学、气象学、农业统计学等方面,取得丰硕的成果. 内曼是许宝騄的导师.

习 题

1. 某车间生产的一批圆形纽扣的直径 $X\sim N(\mu,0.05^2)$,现从中随机抽取 6 个,量得平均直径 $x=14.95$ mm.在 0.95 的置信度下求这批纽扣平均直径 μ 的置信区间.

2. 一批袋装大米质量 $X\sim N(\mu,0.62^2)$,现从中随机抽取 10 袋称得质量(单位:kg)为

50.6　50.8　49.5　50.5　50.4　49.7　51.2　49.3　50.6　51.2

求这批袋装大米平均质量 μ 在 0.99 的置信度下的置信区间.

3. 设 $X_1,X_2,\cdots,X_n$ 是取自总体 $N(\mu,1)$ 的一个样本,置信度 $1-\alpha=0.95$,问样本容量 n 多大时才能使抽样误差(即置信区间半径)不超过 0.2?

4. 设 $0.50,1.25,0.80,2.00$ 是来自总体 X 的简单随机样本值,已知 $Y=\ln X \sim N(\mu,1)$.

(1) 求 X 的数学期望 $b=E(X)$;

(2) 求 μ 的置信度为 0.95 的置信区间;

(3) 利用上述结果求 b 的置信度为 0.95 的置信区间.

5. 从一批火箭推力装置中抽取 10 个进行试验,测得样本平均燃烧时间为 51.8 s,样本标准差为 1.5 s,设燃烧时间服从正态分布 $N(\mu,\sigma^2)$,求总体均值 μ 的置信度为 0.99 的置信区间.

6. 设某种清漆的干燥时间服从正态分布 $N(\mu,\sigma^2)$,现抽取 9 个样品,测得其干燥时间(单位:h)如下:

6.0　5.7　5.8　6.5　7.0　6.3　5.6　6.1　5.0

在下列条件下,求总体均值 μ 的置信度为 0.95 的置信区间.

(1) 若由以往经验知 $\sigma=0.6$;

(2) 若 σ^2 未知.

7. 某人实测他从家到办公室的上班路上所花时间(单位:min)如下:

9.95　10.05　10.20　10.25　9.88　10.10　10.10　10.15　10.12

根据经验,上班路上所花时间服从正态分布 $N(\mu,\sigma^2)$,求:

(1) 总体均值 μ 的置信度为 0.99 的置信区间;

(2) 总体方差 σ^2 的置信度为 0.95 的置信区间.

8. 设某种金属丝长度 $X \sim N(\mu,\sigma^2)$,现从一批这种金属丝中随机抽测 9 根,测得其长度数据如下(单位:mm)

1 532　1 297　1 647　1 356　1 435　1 483　1 574　1 517　1 463

求该批金属丝长度方差 σ^2 的置信度为 0.95 的置信区间.

9. 欲比较甲、乙两种棉花品种的优劣,现假设用它们纺出的棉纱强度 X,Y 分

别服从正态分布 $N(\mu_1, 2.18^2)$ 和 $N(\mu_2, 1.76^2)$. 试验者从甲、乙这两种棉纱中分别抽取样本容量为 200 和 100 的样本,得样本均值 $x=5.32$ 和 $y=5.76$,分别在 0.95 和 0.99 的置信度下,求两总体均值差 $\mu_1 - \mu_2$ 的置信区间.

10. 如果用 A 种饲料喂牛,牛的增重 $X \sim N(\mu_1, \sigma^2)$;如果用 B 种饲料喂牛,牛的增重 $Y \sim N(\mu_2, \sigma^2)$. 现分别用 A、B 两种饲料各喂牛 10 头,经一个周期后,测得牛的增重(单位:kg)如下:

A 种饲料:20　24　32　31　28　17　25　19　24　30

B 种饲料:27　29　27　38　38　27　35　29　31　36

在 0.95 的置信度下,求 A、B 两种饲料喂牛平均增重的差值 $\mu_1 - \mu_2$ 的置信区间.

11. 为了估计磷肥对某种农作物的增产作用,现选取 20 块条件大致相同的土地,其中 10 块不施磷肥,另 10 块施用磷肥,测得亩产量(单位:kg)如下:

不施磷肥:620　270　650　600　630　580　570　600　600　580

施用磷肥:560　590　560　570　580　570　600　550　570　550

设农作物的亩产量服从正态分布.

(1) 若方差相同,求平均亩产量之差的置信度为 0.99 的置信区间;

(2) 求方差比的置信度为 0.95 的置信区间.

12. 设用两种不同的方法冶炼某种金属材料,分别抽样测试其杂质含量(单位:%),得到如下数据:

原冶炼方法:26.9　22.3　27.2　25.1　22.8　24.2　30.2　25.7　26.1

新冶炼方法:22.6　24.3　23.4　22.5　21.9　20.6　20.6　23.5

假设两种冶炼方法的杂质含量 X, Y 都服从正态分布,且方差 σ_1^2 和 σ_2^2 均未知,求方差比 $\dfrac{\sigma_1^2}{\sigma_2^2}$ 的置信度为 0.90 的置信区间.

13. 全球定位系统 GPS 利用插值的方法来估计海拔,这种方法误差较大,在 74 次测量中有 26 次没有成功.试给出这种方法错误率的置信度为 0.95 的置信区间.进一步,若希望置信度为 0.95 的置信区间的宽度小于 0.16,样本量应该取多大?

14. 某省检测汽车尾气排放情况,调查了 70 辆车,发现其中 24 辆车尾气排放超标.试给出尾气超标率的置信度为 0.99 的置信区间.

15. 按照过去的铸造法,某厂所制造的零件强度的平均值是 52.1 g/mm²,标准差为 1.6 g/mm².为降低成本,该厂改变了铸造方法,从按新方法生产的产品中抽取了 9 个样品,测得其强度平均值为 52.9 g/mm².假设零件的强度服从正态分布,试在 0.05 的显著性水平下,判断新的铸造方法是否提升了零件的强度,即检验总体均值是否变大?

16. 已知某炼铁厂生产的铁水的含碳量服从正态分布 $N(4.55, 0.11^2)$.现测试 9 炉铁水,其平均含碳量为 4.484.如果方差没有变化,可否认为现在生产的铁水的含碳量仍为 4.55,取显著性水平 $\alpha = 0.05$.

17. 一种汽车配件的长度要求为 12 cm,高于或低于该标准都被认为是不合格的.现对一个配件提供商提供的 10 个样品进行了检测,测得样本均值 $\bar{x} = 11.89$ cm,样本标准差 $s = 0.493\,2$ cm.假定这种汽车配件的长度服从正态分布,在 0.05 的显著性水平下,检验该供货商提供的配件是否符合要求?

18. 测定某溶液中的水分,得到 10 个测定值,经计算 $\bar{x} = 5.2\%$,$s^2 = 0.037^2$,设溶液中的水分含量 $X \sim N(\mu, \sigma^2)$,σ^2 和 μ 未知,在 0.05 的显著性水平下,该溶液中水分含量均值 μ 是否超过 5%?

19. 从某厂生产的电子元件中随机抽取 25 个进行使用寿命测试,根据测得数据算得(单位:h)$\bar{x} = 100$,$\sum_{i=1}^{25} x_i^2 = 4.9 \times 10^5$.已知这种电子元件的使用寿命服从 $N(\mu, \sigma^2)$,且出厂标准为使用寿命必须达到 90 h 以上.在 0.05 的显著性水平下,检验该厂生产的电子元件是否符合标准?

20. 随机地从一批外径为 1 cm 的钢珠中抽取 10 只,测试其屈服强度(单位:kg)的平均值 $\bar{x} = 2\,200$,$s = 220$,已知钢珠的屈服强度 $X \sim N(\mu, \sigma^2)$.

(1) 求总体均值 μ 的置信度为 0.95 的置信区间;

(2) 在 0.05 的显著性水平下,检验总体均值 μ 是否等于 2 000?

(3) 若设 $X \sim N(\mu, 200^2)$,在 0.05 的显著性水平下,检验 X 的方差 σ^2 是否有显著提高?

21. 有甲、乙两个品种的作物,分别各用 10 块地试种,根据收集到的数据得到平均产量结果分别为 $\bar{x}=30.97$ 和 $\bar{y}=21.97$.已知这两种作物的产量分别服从正态分布 $N(\mu_1,27)$ 和 $N(\mu_2,12)$,问在 0.01 的显著性水平下,这两个品种的平均产量是否有显著性差异?

22. 在甲、乙两个居民区分别抽取 8 户和 10 户调查每月煤气用量(单位:m^3),计算得样本均值分别为 $\bar{x}_1=7.56,\bar{x}_2=6.02$.根据以往经验,两区居民煤气用量近似服从正态分布,相互独立,且两总体标准差 $\sigma_1=\sigma_2=1.1$.在 0.05 的显著性水平下,判断甲区居民煤气用量是否高于乙区?

23. 甲、乙两台机床同时加工某种零件,已知两台机床加工的零件的直径均服从正态分布,并且方差相同.现从甲机床加工的零件中随机抽取 8 件,测得其平均直径为 19.925 cm,样本方差为 0.216 4 cm^2.从乙机床加工的零件中抽取 7 件,测得其平均直径为 20.643 cm,样本方差为 0.272 9 cm^2.在 0.05 的显著性水平下,是否能够显示甲机床加工的零件直径要小于乙机床加工的零件直径?

24. 随机地挑选 20 位失眠者分别服用甲、乙两种安眠药,记录下他们睡眠的延长时间(单位:h),分别得到数据 $x_1,x_2,\cdots,x_{10}$ 和 $y_1,y_2,\cdots,y_{10}$,并由此算得 $\bar{x}=4,s_1^2=0.001,\bar{y}=4.04,s_2^2=0.004$.设服用甲、乙两种安眠药睡眠的延长时间均服从正态分布,且方差相等.在 0.05 的显著性水平下,判断两种安眠药的疗效是否相同?

25. 有两台机器生产的金属部件,分别在两台机器所生产的部件中各取一容量 $n_1=60,n_2=40$ 的样本,测得部件质量(单位:kg)的样本方差分别为 $s_1^2=15.46,s_2^2=9.66$.设两样本相互独立,两总体分别服从正态分布 $N(\mu_1,\sigma_1^2),N(\mu_2,\sigma_2^2)$,其中 $\mu_1,\sigma_1^2,\mu_2,\sigma_2^2$ 均未知.试在 0.05 的显著性水平下,检验如下假设:

$$H_0:\sigma_1^2=\sigma_2^2;\quad H_1:\sigma_1^2>\sigma_2^2.$$

26. 甲、乙两个铸造厂生产同一种铸件,假定两厂的铸件重量都服从正态分布,现从两厂的铸件中各抽取若干个,分别测得重量如下(单位:kg):

甲厂:93.3　92.1　94.7　90.1　95.6　90.0　94.7

乙厂:95.6　94.9　96.2　95.8　95.1　96.3

取显著性水平 $\alpha=0.05$,检验甲厂铸件重量的方差与乙厂铸件重量的方差是否存在显著性差异？

27. 某课题组提出了一种新的测量垂直海拔高度的方法，在 1 225 个地点准确测量了 926 个．取显著性水平 $\alpha = 0.05$，试问该方法的准确率是否高于 75%？

28. 某医院调查了 444 位 HIV 阳性的吸烟者，其中男性 281 位，女性 163 位．取显著性水平 $\alpha = 0.05$，试问 HIV 阳性的吸烟者中男性的占比是否高于 60%？

第6章

方差分析

对于单正态总体均值的检验、两个正态总体均值间的显著性差异检验,可以采用正态检验法和 t 检验法来判定.但在生产和科学研究中经常会遇到比较多个总体之间均值差异的问题,这时若仍采用正态检验法和 t 检验法就不适宜了.例如,在农业试验中,往往关心在相同的条件下,k 种不同的作物品种(或称水平)是否在产量上有所差别,总共要做 C_k^2 次类似的检验.当 k 较大时,这极大地增加了方法的复杂度,同时降低了方法的精度.因此,多个均值的显著性差异须采用新的方法,本章介绍由英国著名统计学家费希尔提出的方差分析法.

6.1 单因素方差分析

单因素方差分析 模型

样本方差是中心化的数据平方和除以自由度的商,可以反映数据的变异程度.方差分析就是当试验数据来自几个独立的同方差的正态分布时,将数据的总变异分解为来源于不同因素的组内和组间的变异,并做出数量估计,从而发现各个因素在总变异中所占的重要程度,即将试验的总变异方差分解成各因素的变异方差,并以其中的误差方差作为和其他因素的变异方差比较的标准,以推断其他因素所引起的变异量是否真实的一种统计分析方法.

要将一个试验资料的总变异分解为各个变异来源的相应变异,首先将总平方和与总自由度分解为各个变异来源的相应部分.因此,平方和与自由度的分解是方差分析的第一个步骤.下面以单因素完全随机试验设计的资料为例进行介绍.单因素试验即考虑试验结果只受到一个因素变化的影响,如只考虑农作物的产量如何受品种变化的影响.

假设某单因素试验有 k 个处理(事先设计好的实施在试验目标上的具体项目叫试验处理,简称**处理**或**水平**),每个处理有 n 次重复,共有 nk 个观测值.这类试验资料的数据模式见表 6-1.

表 6-1　每个处理具有 n 个观测值的 k 组数据的符号表

处理	观测值						平均值
A_1	x_{11}	x_{12}	$\cdots$	x_{1j}	$\cdots$	x_{1n}	$\bar{x}_{1\cdot}$
A_2	x_{21}	x_{22}	$\cdots$	x_{2j}	$\cdots$	x_{2n}	$\bar{x}_{2\cdot}$
$\vdots$	$\vdots$	$\vdots$		$\vdots$		$\vdots$	$\vdots$
A_k	x_{k1}	x_{k2}	$\cdots$	x_{kj}	$\cdots$	x_{kn}	$\bar{x}_{k\cdot}$
合计							$\bar{x}_{\cdot\cdot}$

其中,x_{ij} 表示第 i 个处理的第 j 个观测值($i=1,2,\cdots,k$;$j=1,2,\cdots,n$);

$\bar{x}_{i\cdot} = \dfrac{1}{n}\sum\limits_{j=1}^{n} x_{ij}$,表示第 i 个处理的平均数;

$x_{\cdot\cdot} = \sum\limits_{i=1}^{k}\sum\limits_{j=1}^{n} x_{ij} = \sum\limits_{i=1}^{k} x_{i\cdot}$,表示全部观测值的总和;

$\bar{x}_{\cdot\cdot} = \dfrac{1}{kn}\sum\limits_{i=1}^{k}\sum\limits_{j=1}^{n} x_{ij} = \dfrac{1}{k}\sum\limits_{i=1}^{k} \bar{x}_{i\cdot}$,表示全部观测值的总平均数.

为了考察各处理对于试验结果的影响的大小差别,假设 x_{ij} 可由加法形式分解为

$$x_{ij} = \mu_i + \varepsilon_{ij}\ (i=1,2,\cdots,k;j=1,2,\cdots,n),$$

其中 μ_i 表示第 i 个处理对应总体的期望效应,它表示处理 A_i 对试验结果产生的影响,ε_{ij} 是试验误差,相互独立,且服从正态分布 $N(0,\sigma^2)$.此模型叫作**单因素试验的线性模型**.在这个模型中,x_{ij} 表示为处理效应 μ_i 与试验误差 ε_{ij} 之和.由 ε_{ij} 相互独立且服从正态分布 $N(0,\sigma^2)$,可知各处理 $A_i(i=1,2,\cdots,k)$ 对应的总体应服从正态分布 $N(\mu_i,\sigma^2)$.尽管各处理对应总体的均值 μ_i 可能相等或不等,σ^2 则必须是相等的.所以,单因素试验的数学模型可归纳为:效应的可加性、独立性、分布的正态性、方差的同质性.这是使用方差分析方法的前提或基本假定.

表 6-1 中全部观测值的总变异可以用样本方差来度量.将总变异分解为两部分:一是同一处理不同重复观测值的差异是由偶然因素影响造成的,即**试验误差**,

又称组内变异;二是不同处理之间平均数的差异主要是由处理的不同效应造成的,即**处理间变异**,又称组间变异.组间变异是判断各处理间差异的主要依据,同时受组内变异的干扰.

1. 平方和的分解

在表 6-1 中,反映全部观测值总变异的总平方和是各观测值 x_{ij} 与总平均数 $x..$ 的离差平方和,记为 SS_T,即

$$SS_T = \sum_{i=1}^{k} \sum_{j=1}^{n} (x_{ij} - x..)^2.$$

因为

$$\sum_{i=1}^{k} \sum_{j=1}^{n} (x_{ij} - x..)^2$$

$$= \sum_{i=1}^{k} \sum_{j=1}^{n} [(x_{ij} - x_{i.}) + (x_{i.} - x..)]^2$$

$$= \sum_{i=1}^{k} \sum_{j=1}^{n} [(x_{ij} - x_{i.})^2 + 2(x_{ij} - x_{i.})(x_{i.} - x..) + (x_{i.} - x..)^2]$$

$$= n \sum_{i=1}^{k} (x_{i.} - x..)^2 + 2 \sum_{i=1}^{k} \left[(x_{i.} - x..) \sum_{j=1}^{n} (x_{ij} - x_{i.}) \right] + \sum_{i=1}^{k} \sum_{j=1}^{n} (x_{ij} - x_{i.})^2,$$

其中 $\sum_{j=1}^{n} (x_{ij} - x_{i.}) = 0$,所以

$$\sum_{i=1}^{k} \sum_{j=1}^{n} (x_{ij} - x..)^2 = n \sum_{i=1}^{k} (x_{i.} - x..)^2 + \sum_{i=1}^{k} \sum_{j=1}^{n} (x_{ij} - x_{i.})^2.$$

$n \sum_{i=1}^{k} (x_{i.} - x..)^2$ 为各处理平均数 $x_{i.}$ 与总平均数 $x..$ 的离差平方和与重复数 n 的乘积,反映了 n 倍的处理间变异,称为**组间平方和**,记为 SS_t,即

$$SS_t = n \sum_{i=1}^{k} (x_{i.} - x..)^2;$$

$\sum_{i=1}^{k} \sum_{j=1}^{n} (x_{ij} - x_{i.})^2$ 为各处理内部离差平方和之和,反映了各处理内的变异,即误差,称为**组内平方和或误差平方和**,记为 SS_e,即

$$SS_e = \sum_{i=1}^{k} \sum_{j=1}^{n} (x_{ij} - x_{i.})^2.$$

于是有

$$SS_T = SS_t + SS_e.$$

这是单因素试验结果总平方和、组间平方和、组内平方和的关系式. 这个关系式中三种平方和的简便计算公式如下:

$$SS_T = \sum_{i=1}^{k} \sum_{j=1}^{n} x_{ij}^2 - C,$$

$$SS_t = \frac{1}{n} \sum_{i=1}^{k} x_{i\cdot}^2 - C,$$

$$SS_e = SS_T - SS_t,$$

其中,$C = \dfrac{(x_{\cdot\cdot})^2}{nk}$. 在实际数据计算中,定义式计算起来费时,通常采用简便计算公式.

2. 自由度的分解

当假设各处理间的 μ_i 均相等时,三个平方和的分布与 χ^2 分布有关,其自由度也满足一个等式. 在计算总平方和 SS_T 时,资料中的各个观测值要受 $\sum\limits_{i=1}^{k} \sum\limits_{j=1}^{n} (x_{ij} - x_{\cdot\cdot}) = 0$ 这一条件的约束,故总变异自由度 df_T 等于资料中观测值的总个数减 1,记为 $df_T = nk - 1$,这与样本方差自由度的计算道理相同.

在计算组间平方和 SS_t 时,各处理平均数 $x_{i\cdot}$ 要受 $\sum\limits_{i=1}^{k} (x_{i\cdot} - x_{\cdot\cdot}) = 0$ 这一条件的约束,故组间自由度 df_t 为处理数减 1,记为 $df_t = k - 1$.

在计算组内平方和 SS_e 时,要受 k 个条件的约束,即 $\sum\limits_{j=1}^{n} (x_{ij} - x_{i\cdot}) = 0 (i = 1, 2, \cdots, k)$. 故组内自由度 df_e 为资料中观测值的总个数减 k,记为 $df_e = nk - k = k(n-1)$.

因为 $nk - 1 = (k-1) + (nk-k) = (k-1) + k(n-1)$,所以

$$df_T = df_t + df_e.$$

3. 计算组间均方、组内均方

三个平方和除以各自的自由度便得到总均方、组间均方和组内均方,分别记为 MS_T, MS_t, MS_e,即

$$MS_T = \frac{SS_T}{df_T}, \quad MS_t = \frac{SS_t}{df_t}, \quad MS_e = \frac{SS_e}{df_e}.$$

总均方一般不等于组间均方加组内均方.

4. 检验方法

单因素方差
分析 检验

方差分析的目的在于推断各处理间是否存在差异. 在单因素试验数据的方差分析中,通常记

原假设 $H_0:\mu_1=\mu_2=\cdots=\mu_k$;

备择假设 $H_1:\mu_i(i=1,2,\cdots,k)$ 不全相等.

为了考察各个处理之间的均值是否相等,抽样并整理成表 6-1 的形式. 此时以 MS_e 为分母,MS_t 为分子,构造比值,即

$$F=\frac{MS_t}{MS_e}.$$

由上面的讨论可知 F 具有两个自由度:$df_t=k-1,df_e=k(n-1)$. 下面在均值 μ_i 都相等的假设下,来推导 $F\sim F(df_t,df_e)$,首先给出一个重要的定理.

定理 6.1（柯赫伦定理）　设 $X_1,X_2,\cdots,X_n$ 为独立同分布于标准正态分布 $N(0,1)$ 的随机变量,又设存在 $\sum\limits_{i=1}^{n}X_i^2=\sum\limits_{k=1}^{K}Q_k$,其中 Q_k 是秩为 df_k 的关于 X_1, $X_2,\cdots,X_n$ 的二次型,则 Q_k 相互独立且分别服从自由度为 df_k 的 χ^2 分布的充要条件是 $\sum\limits_{k=1}^{K}df_k=n$.

本书省略此定理证明. 有了上面的定理,我们便可推出统计量 F 的分布. 在均值 μ_i 都相等的假设下,模型 $x_{ij}=\mu_i+\varepsilon_{ij}(i=1,2,\cdots,k;j=1,2,\cdots,n)$ 中的 $x_{ij}\sim N(\mu,\sigma^2)$,于是 $\dfrac{x_{ij}-\mu}{\sigma}\sim N(0,1)$. 又

$$\sum_{i=1}^{k}\sum_{j=1}^{n}\left(\frac{x_{ij}-\mu}{\sigma}\right)^2=\sum_{i=1}^{k}\sum_{j=1}^{n}\left(\frac{x_{ij}-\bar{x}..+\bar{x}..-\mu}{\sigma}\right)^2$$

$$=\sum_{i=1}^{k}\sum_{j=1}^{n}\left(\frac{x_{ij}-\bar{x}..}{\sigma}\right)^2+\sum_{i=1}^{k}\sum_{j=1}^{n}\left(\frac{\bar{x}..-\mu}{\sigma}\right)^2$$

$$=\frac{SS_T}{\sigma^2}+nk\left(\frac{\bar{x}..-\mu}{\sigma}\right)^2$$

$$=\frac{SS_t}{\sigma^2}+\frac{SS_e}{\sigma^2}+nk\left(\frac{\bar{x}..-\mu}{\sigma}\right)^2,$$

显然上式全部的自由度为 nk,而等式右端三项的自由度分别为 $df_t=k-1,df_e=k(n-1)$ 和 1. 故由定理 6.1 可知,

$$\frac{SS_t}{\sigma^2} \sim \chi^2(k-1), \qquad \frac{SS_e}{\sigma^2} \sim \chi^2(k(n-1)),$$

且它们相互独立,从而有

$$F = \frac{MS_t}{MS_e} = \frac{\dfrac{SS_t}{\sigma^2}/(k-1)}{\dfrac{SS_e}{\sigma^2}/k(n-1)} \sim F(k-1, k(n-1)).$$

给定样本后,总平方和 SS_T 是不变的. 若 H_0 为真,也就是样本来自 H_0 所对应的总体,那么组间平方和 SS_t 应偏小,组内平方和 SS_e 应偏大,故检验统计量 F 偏小;若 H_0 不真,也就是样本来自 H_1 所对应的总体,那么组间平方和 SS_t 应偏大,组内平方和 SS_e 应偏小,故检验统计量 F 偏大. 于是查附表得临界点 $F_\alpha(k-1, k(n-1))$ 的值后,则有

$$P(F > F_\alpha(k-1, k(n-1))) = \alpha,$$

拒绝域为 $\{F > F_\alpha(k-1, k(n-1))\}$. 若 $F > F_\alpha(k-1, k(n-1))$,则拒绝 H_0,接受 H_1,认为各处理间差异显著;若 $F < F_\alpha(k-1, k(n-1))$,则不能拒绝 H_0,认为各处理间差异不显著(图 6-1).

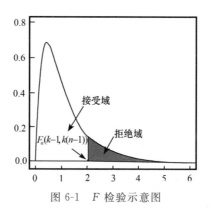

图 6-1 F 检验示意图

例 6.1 设某汽车租赁公司用 15 辆完全相同的汽车以相同的速度来测试 3 种汽油. 每种汽油利用 5 辆车来测试. 每辆车加 20 L 汽油,一直跑到没有油为止. 所有车辆的全部行驶里程数(单位:km)列于表 6-2,试作方差分析. 显著性水平 $\alpha = 0.05$.

汽油品种	行驶里程					和	平均值
A	220	251	226	246	260	1 203	240.6
B	244	235	232	242	225	1 178	235.6
C	252	272	250	238	256	1 268	253.6
合计						3 649	$\bar{x} = 243.3$

表 6-2　　　　　　　　汽车行驶里程试验结果　　　　（单位：km）

解　$H_0: \mu_A = \mu_B = \mu_C, H_1: \mu_A, \mu_B, \mu_C$ 不全相等.

(1) 平方和的分解

已知 $n = 5, k = 3$,可得

$$C = \frac{(x..)^2}{kn} = \frac{3\ 649^2}{15} = 887\ 680.1,$$

$$SS_T = \sum_{i=1}^{k} \sum_{j=1}^{n} x_{ij}^2 - C = 2\ 854.9,$$

$$SS_t = \frac{1}{n} \sum_{i=1}^{k} x_i^2 - C = 863.3,$$

$$SS_e = SS_T - SS_t = 1\ 991.6.$$

(2) 自由度的分解

总变异自由度为

$$df_T = (3 \times 5) - 1 = 14,$$

组间自由度为

$$df_t = 3 - 1 = 2,$$

误差自由度为

$$df_e = 3 \times (5 - 1) = 12.$$

(3) 计算组间均方和组内均方

$$MS_t = \frac{863.3}{2} = 431.7, \quad MS_e = \frac{1\ 991.6}{12} = 166.$$

建立方差分析表,见表 6-3.

表 6-3   方差分析表

方差来源	离差平方和	自由度	均方	F
处理间	863.3	2	431.7	2.601
处理内	1 991.6	12	166	
总变异	2 854.9	14		

(4) 判断与结论

$F = 2.601$,查 F 分布表得 $F_{0.05}(2,12) = 3.89$,显然 $2.601 < 3.89$,这表明 3 个不同种类的汽油对汽车行驶里程的影响没有显著差异.

例 6.2   某工程师为了研究 5 种不同的混凝土骨料的吸湿性,做试验来验证. 每种混凝土骨料测试 6 个样品,一共 30 个样品. 将混凝土样品暴露于潮湿环境中 48 h. 检验数据见表 6-4,指定显著性水平 $\alpha = 0.05$,试作方差分析.

表 6-4   混凝土骨料的吸湿性结果

混凝土品种	吸湿性						和	平均值
A	551	457	450	731	499	632	3 320	553.33
B	595	580	508	583	633	517	3 416	569.33
C	639	615	511	573	648	677	3 663	610.5
D	417	449	517	438	415	555	2 791	465.17
E	563	631	522	613	656	679	3 664	610.67
合计							16 854	561.8

解   要研究的问题是这五种混凝土的均值之间是否有显著差异.

(1) 建立假设

原假设和备择假设分别是

$H_0 : \mu_1 = \mu_2 = \mu_3 = \mu_4 = \mu_5$,即混凝土种类对吸湿性影响不显著;

$H_1 : \mu_1, \mu_2, \mu_3, \mu_4, \mu_5$ 不全等,即混凝土种类对吸湿性有显著影响.

(2) 构造 F 检验统计量

$$SS_t = 85\ 356, \quad SS_e = 124\ 020.$$

对例 6.2 而言,计算结果见表 6-5.

表 6-5   方差分析表

方差来源	离差平方和	自由度	均方	F
组间	85 356	4	21 339	4.3
组内	124 020	25	4 961	
总方差	209 377	29		

（3）判断与结论

$F=4.3$，若取 $\alpha=0.05$，则临界值 $F_{0.05}(4,25)=2.76$. 由于 $F>F_\alpha$，故应拒绝原假设，即混凝土种类对吸湿性有显著影响.

6.2　双因素方差分析

6.2.1　双因素方差分析的种类

在试验中，常常会遇到两个因素同时影响试验结果的情况，例如某化学产物的转化率可能受到温度和催化剂的共同影响，这就需要检验究竟哪一个因素起作用，还是两个因素都起作用，或者两个因素的影响都不显著.

双因素方差分析有两种类型：一种是无交互作用的双因素方差分析，它假定因素 A 和因素 B 的效应之间是相互独立的，不存在相互关系；另一种是有交互作用的方差分析，它假定 A、B 两个因素不是独立的，而是相互起作用的，两个因素同时起作用的结果不是两个因素分别作用的简单相加，两者的结合会产生一个新的效应. 例如，在农业生产中，光照和施肥量可能都会影响作物产量，并且适宜的光照和适量的施肥可能都会使作物产量增加，但是没有叠加作用，这时，光照和施肥量就可能是独立的. 再例如，在化学试验中，试验温度和催化剂种类可能都会影响产物转化率，适宜的温度和高效的催化剂可能使得转化率大幅提高，此时温度和催化剂可能存在交互作用，两个因素结合后就会产生出一个新的效应，属于有交互作用的方差分析问题.

6.2.2　无交互作用的双因素方差分析

1. 数据结构

设两个因素分别是 A 和 B，因素 A 共有 r 个水平，因素 B 共有 s 个水平，无交互作用的双因素方差分析对应着 rs 个试验处理，每个试验处理只做一次试验，即只有一个试验结果，数据结构见表 6-6.

表 6-6　　无交互作用的双因素方差分析的数据结构

因素 A	观测值				均值
	B_1	B_2	$\cdots$	B_s	
A_1	x_{11}	x_{12}	$\cdots$	x_{1s}	$x_1.$
A_2	x_{21}	x_{22}	$\cdots$	x_{2s}	$x_2.$
$\vdots$	$\vdots$	$\vdots$	$\vdots$	$\vdots$	$\vdots$
A_r	x_{r1}	x_{r2}	$\cdots$	x_{rs}	$x_r.$
均值	$x_{.1}$	$x_{.2}$		$x_{.s}$	

双因素方差
分析 模型

2. 分析步骤

（1）模型与建立假设

方差分析模型如下：

$$x_{ij} = \mu + \alpha_i + \beta_j + \varepsilon_{ij}(i=1,2,\cdots,r;j=1,2,\cdots,s),$$

其中 x_{ij} 表示因素 A 在第 i 水平且因素 B 在第 j 水平下的观察值，μ 表示总体的平均水平；α_i 表示因素 A 在第 i 水平下对应变量的附加效应，β_j 表示因素 B 在第 j 水平下对应变量的附加效应，并满足：$\sum_{i=1}^{r}\alpha_i = 0$ 和 $\sum_{j=1}^{s}\beta_j = 0$；$\varepsilon_{ij}$ 为一个服从正态分布 $N(0,\sigma^2)$ 的随机变量，代表随机误差. 全体误差相互独立. 我们检验因素 A 是否起作用实际上就是检验各个 α_i 是否均为 0. 如果都为 0，则因素 A 所对应的各组总体均值都相等，即因素 A 的作用不显著；对因素 B 也是这样. 因此原假设与备择假设有两对：

因素 A：$H_{A0}:\alpha_1 = \alpha_2 = \cdots = \alpha_r$；$H_{A1}:\alpha_i$ 不全相等；

因素 B：$H_{B0}:\beta_1 = \beta_2 = \cdots = \beta_s$；$H_{B1}:\beta_i$ 不全相等.

（2）构造 F 检验统计量

① 水平的均值

$$x_i. = \frac{1}{s}\sum_{j=1}^{s}x_{ij}, \quad \bar{x}_{.j} = \frac{1}{r}\sum_{i=1}^{r}x_{ij}.$$

② 总均值

$$\bar{x} = \frac{1}{rs}\sum_{i=1}^{r}\sum_{j=1}^{s}x_{ij} = \frac{1}{r}\sum_{i=1}^{r}\bar{x}_i. = \frac{1}{s}\sum_{j=1}^{s}\bar{x}_{.j}.$$

③ 平方和的分解

双因素方差分析同样要对总平方和 SS_T 进行分解. SS_T 分解为三部分：SS_A、SS_B 和 SS_e，以分别反映因素 A 的组间差异、因素 B 的组间差异和随机误差的离散状况.

它们的计算公式分别为

$$SS_T = \sum_{i=1}^{r} \sum_{j=1}^{s} (x_{ij} - \overline{x})^2,$$

$$SS_A = \sum_{i=1}^{r} s(\overline{x}_i. - \overline{x})^2,$$

$$SS_B = \sum_{j=1}^{s} r(\overline{x}._j - \overline{x})^2,$$

$$SS_e = SS_T - SS_A - SS_B.$$

④ 构造 F 检验统计量

由平方和与自由度可以计算出均方,从而计算出 F 检验值,见表 6-7.

表 6-7　　　　　　　无交互作用的双因素方差分析表

方差来源	离差平方和	自由度	均方	F
因素 A	SS_A	$r-1$	$MS_A = SS_A/(r-1)$	MS_A/MS_e
因素 B	SS_B	$s-1$	$MS_B = SS_B/(s-1)$	MS_B/MS_e
误差	SS_e	$(r-1)(s-1)$	$MS_e = SS_e/(r-1)(s-1)$	
总方差	SS_T	$rs-1$		

为检验因素 A 的影响是否显著,采用下面的统计量:

$$F_A = \frac{MS_A}{MS_e} \sim F_\alpha(r-1, (r-1)(s-1));$$

为检验因素 B 的影响是否显著,采用下面的统计量:

$$F_B = \frac{MS_B}{MS_e} \sim F_\alpha(s-1, (r-1)(s-1)).$$

3. 判断与结论

根据给定的显著性水平 α,在 F 分布表中查找相应的临界值 F_α,将统计量 F 与 F_α 进行比较,做出拒绝或不能拒绝原假设的决策.

若 $F_A \geqslant F_\alpha(r-1, (r-1)(s-1))$,则拒绝原假设 H_{A0},表明均值之间有显著差异,即因素 A 对观察值有显著影响;

若 $F_A < F_\alpha(r-1, (r-1)(s-1))$,则不能拒绝原假设 H_{A0},表明均值之间的差异不显著,即因素 A 对观察值没有显著影响.

若 $F_B \geqslant F_\alpha(s-1, (r-1)(s-1))$,则拒绝原假设 H_{B0},表明均值之间有显著差异,即因素 B 对观察值有显著影响;

若 $F_B < F_\alpha(s-1,(r-1)(s-1))$，则不能拒绝原假设 H_{B0}，表明均值之间的差异不显著，即因素 B 对观察值没有显著影响.

双因素方差
分析 例题

例 6.3 某学校对学生做 4 种类型的标准化阅读测试，每种测试有 5 名学生，成绩见表 6-8. 成绩的影响因素有两个：试题类型和学生. 以 0.05 的显著性水平检验试题类型和学生对测试得分是否影响显著.

表 6-8 某学校试题类型和学生所对应的测试得分

试题类型	测试得分				
	学生一	学生二	学生三	学生四	学生五
试题一	75	73	60	70	86
试题二	78	71	64	72	90
试题三	80	69	62	70	85
试题四	73	67	63	80	92

解 我们可以按上述的步骤完成检验，但计算工作量很大.

首先针对此问题，作原假设和备择假设：

对因素 A：
$$H_{A0}:\alpha_i=0; \quad H_{A1}:\alpha_i \text{ 不全相等}(i=1,2,3,4);$$

对因素 B：
$$H_{B0}:\beta_j=0; \quad H_{B1}:\beta_j \text{ 不全相等}(j=1,2,\cdots,5).$$

计算结果见表 6-9.

表 6-9 方差分析表

方差来源	离差平方和	自由度	均方	F	F_α
试题类型	20.4	3	6.8	0.591	$F_{0.05}(3,12)=3.49$
学生	1 457.5	4	364.4	31.662	$F_{0.05}(4,12)=3.26$
误差	138.1	12	11.5		
总方差	1 616	19			

结论：$F_A < F_\alpha$，故不能拒绝原假设 H_{A0}，即试题类型对测试得分没有显著影响；

$F_B > F_\alpha$，故拒绝原假设 H_{B0}，即学生对测试得分的影响显著.

6.2.3 有交互作用的双因素方差分析

1. 数据结构

设两个因素分别是 A 和 B，因素 A 共有 r 个水平，因素 B 共有 s 个水平. 为对两个因素的交互作用进行分析，每组条件的试验至少要进行两次. 若对每个组合水平 (A_i, B_j) 重复 t 次试验，每次试验的结果用 x_{ijk} 表示，那么有交互作用的双因素方差分析共有 rst 个试验结果. 数据结构见表 6-10.

表 6-10　有交互作用的双因素方差分析的数据结构

因素 A	观测值			均值
	B_1	$\cdots$	B_s	
A_1	$x_{111}, x_{112}, \cdots, x_{11t}$	$\cdots$	$x_{1s1}, x_{1s2}, \cdots, x_{1st}$	$\overline{x}_1.$
A_2	$x_{211}, x_{212}, \cdots, x_{21t}$	$\cdots$	$x_{2s1}, x_{2s2}, \cdots, x_{2st}$	$\overline{x}_2.$
$\vdots$	$\vdots$		$\vdots$	$\vdots$
A_r	$x_{r11}, x_{r12}, \cdots, x_{r1t}$	$\cdots$	$x_{rs1}, x_{rs2}, \cdots, x_{rst}$	$\overline{x}_r.$
均值	$\overline{x}._1$		$\overline{x}._s$	

2. 分析步骤

(1) 模型与建立假设

方差分析模型如下：

$$x_{ijk} = \mu + \alpha_i + \beta_j + (\alpha\beta)_{ij} + \varepsilon_{ijk}$$
$$(i = 1, 2, \cdots, r; j = 1, 2, \cdots, s; k = 1, 2, \cdots, t),$$

其中 x_{ijk} 表示第 ij 组中的第 k 个观察值；μ 表示总体的平均水平；α_i 表示因素 A 在第 i 水平下对应变量的附加效应，β_j 表示因素 B 在第 j 水平下对应变量的附加效应，$(\alpha\beta)_{ij}$ 为两者的交互效应，并满足：$\sum_{i=1}^{r} \alpha_i = 0$，$\sum_{j=1}^{s} \beta_j = 0$ 和 $\sum_{i=1}^{r} (\alpha\beta)_{ij} = 0$，$\sum_{j=1}^{s} (\alpha\beta)_{ij} = 0$；$\varepsilon_{ijk}$ 为一个服从正态分布 $N(0, \sigma^2)$ 的随机变量，全体误差相互独立.

与前面的分析思路相同，我们检验因素 A、因素 B 以及两者的交互效应是否起作用，实际上就是检验各个 α_i、β_j 以及 $(\alpha\beta)_{ij}$ 是否均为 0. 故原假设有三个：

对因素 A：

$$H_{A0}: \alpha_i = 0 \ ; H_{A1}: \alpha_i \ \text{不全为零}(i = 1, 2, \cdots, r);$$

对因素 B：
$$H_{B0}:\beta_j = 0；H_{B1}:\beta_j \text{ 不全为零}(j=1,2,\cdots,s)；$$

对因素 A 和 B 的交互效应：
$$H_{AB0}:(\alpha\beta)_{ij} = 0；H_{AB1}:(\alpha\beta)_{ij} \text{ 不全为零}.$$

（2）构造 F 检验统计量

① 水平的均值

$$x_{ij} = \frac{\sum\limits_{k=1}^{t} x_{ijk}}{t}，\quad x_{i\cdot} = \frac{\sum\limits_{j=1}^{s}\sum\limits_{k=1}^{t} x_{ijk}}{st}，\quad x_{\cdot j} = \frac{\sum\limits_{i=1}^{r}\sum\limits_{k=1}^{t} x_{ijk}}{rt}.$$

② 总均值

$$\overline{x} = \frac{\sum\limits_{i=1}^{r}\sum\limits_{j=1}^{s}\sum\limits_{k=1}^{t} x_{ijk}}{rst} = \frac{\sum\limits_{i=1}^{r}\overline{x}_{i\cdot}}{r} = \frac{\sum\limits_{j=1}^{s}\overline{x}_{\cdot j}}{s}.$$

③ 平方和的分解

与无交互作用的双因素方差分析不同，总离差平方和 SS_T 被分解为四部分：SS_A、SS_B、SS_{AB} 和 SS_e，以分别反映因素 A 的组间差异、因素 B 的组间差异、因素 AB 的交互效应和随机误差的离散状况.

它们的计算公式分别为

$$SS_T = \sum_{i=1}^{r}\sum_{j=1}^{s}\sum_{k=1}^{t}(x_{ijk} - \overline{x})^2,$$

$$SS_A = \sum_{i=1}^{r} st(x_{i\cdot} - \overline{x})^2,$$

$$SS_B = \sum_{j=1}^{s} rt(x_{\cdot j} - \overline{x})^2,$$

$$SS_{AB} = \sum_{i=1}^{r}\sum_{j=1}^{s} t(x_{ij} - x_{i\cdot} - x_{\cdot j} + \overline{x})^2,$$

$$SS_e = \sum_{i=1}^{r}\sum_{j=1}^{s}\sum_{k=1}^{t}(x_{ijk} - x_{ij})^2.$$

④ 构造 F 检验统计量

由平方和与自由度可以计算出均方，从而计算出 F 检验值，见表 6-11.

表 6-11　　　　　　　　有交互作用的双因素方差分析表

方差来源	离差平方和	自由度	均方	F
因素 A	SS_A	$r-1$	$MS_A = SS_A/r-1$	MS_A/MS_e
因素 B	SS_B	$s-1$	$MS_B = SS_B/s-1$	MS_B/MS_e
因素 $A \times B$	SS_{AB}	$(r-1)(s-1)$	$MS_{AB} = SS_{AB}/(r-1)(s-1)$	MS_{AB}/MS_e
误差	SS_e	$rs(t-1)$	$MS_e = SS_e/rs(t-1)$	
总方差	SS_T	$rst-1 = n-1$		

为检验因素 A 的影响是否显著,采用下面的统计量:

$$F_A = \frac{MS_A}{MS_e} \sim F_\alpha(r-1, n-rs);$$

为检验因素 B 的影响是否显著,采用下面的统计量:

$$F_B = \frac{MS_B}{MS_e} \sim F_\alpha(s-1, n-rs);$$

为检验因素 A、B 交互效应的影响是否显著,采用下面的统计量:

$$F_{AB} = \frac{MS_{AB}}{MS_e} \sim F_\alpha((r-1)(s-1), n-rs).$$

3. 判断与结论

根据给定的显著性水平 α,在 F 分布表中查找相应的临界值 F_α,将统计量 F 与 F_α 进行比较,做出拒绝或不能拒绝原假设的决策.

若 $F_A \geqslant F_\alpha(r-1, n-rs)$,则拒绝原假设 H_{A0},表明因素 A 对观察值有显著影响;

若 $F_B \geqslant F_\alpha(s-1, n-rs)$,则拒绝原假设 H_{B0},表明因素 B 对观察值有显著影响;

若 $F_{AB} \geqslant F_\alpha((r-1)(s-1), n-rs)$,则拒绝原假设 H_{AB0},表明因素 A、B 的交互效应对观察值有显著影响.

双因素方差
分析 例题

例 6.4　发电机的构成材料与使用的环境温度对其使用寿命均有影响. 材料类型取三个水平,环境温度取两个水平,测得发电机使用寿命数据见表 6-12,试问不同材料、不同温度及它们的交互作用对发电机寿命有无显著影响($\alpha = 0.05$).

表 6-12　　材料与环境温度对发电机寿命的影响

材料类型	使用寿命 /h	
	10 ℃	18 ℃
1	135,150	50,55
	176,85	64,38
2	150,162	76,88
	171,120	91,57
3	138,111	68,60
	140,106	74,51

解　我们利用统计软件分析.

首先针对问题,作原假设和备择假设:

对因素 A:

$$H_{A0}:\alpha_i = 0 ; H_{A1}:\alpha_i \text{ 不全为零} (i = 1,2).$$

对因素 B:

$$H_{B0}:\beta_j = 0; H_{B1}:\beta_j \text{ 不全为零} (j = 1,2,3).$$

对因素 A 和 B 的交互效应:

$$H_{AB0}:(\alpha\beta)_{ij} = 0; H_{AB1}:(\alpha\beta)_{ij} \text{ 不全为零 } (i = 1,2;j = 1,2,3).$$

计算结果见表 6-13.

表 6-13　　　　　　　　　　方差分析表

方差来源	离差平方和	自由度	均方	F	F_α
因素 A	2 256.58	2	1 128.29	2.479 76	$F_{0.05}(2,18) = 3.55$
因素 B	31 682.67	1	31 682.67	69.632 23	$F_{0.05}(1,18) = 4.41$
因素 $A \times B$	588.08	2	294.04	0.646 25	$F_{0.05}(2,18) = 3.55$
误差	8 190	18	455		
总方差	42 717.33	23			

结论:$F_A = 2.479\ 76, F_\alpha(2,18) = 3.55, F_A < F_\alpha$,故不能拒绝原假设 H_{A0},即材料对发电机寿命的影响不显著;

$F_B = 69.632\ 23, F_\alpha(1,18) = 4.41, F_B > F_\alpha$,故拒绝原假设 H_{B0},即环境温度对发电机寿命的影响显著;

$F_{AB} = 0.646\,25$，$F_\alpha(2,18) = 3.35$，$F_{AB} < F_\alpha$，故不能拒绝原假设 H_{AB0}，即材料与环境温度的交互效应对发电机使用寿命的影响不显著.

统计学家小传

罗纳德·费希尔(Ronald Fisher，1890—1962)，1890 年 2 月 17 日出生于英国伦敦，1962 年 7 月 29 日逝世.1913 年毕业于剑桥大学，英国统计与遗传学家，现代统计科学的奠基人.

费希尔论证了方差分析的原理和方法，并应用于试验设计，阐明了最大似然方法以及随机化、重复性和统计控制的理论，指出自由度作为检查皮尔逊制定的抽样分布表的重要性.此外，还给出了相关系数的抽样分布，提出了费希尔信息量，构造了线性判别分析方法，进行过显著性检验研究.

习　题

1. 某化工厂纯化过程会用到树脂来吸附杂质，工程师希望检测三种不同树脂的吸附能力，为此分别做了五次试验，纯化后的杂质含量结果如下：

试验序号	纯化后的杂质含量		
	树脂一	树脂二	树脂三
1	0.047	0.037	0.032
2	0.024	0.035	0.041
3	0.015	0.032	0.021
4	0.018	0.021	0.019
5	0.045	0.011	0.037

在显著性水平为 $\alpha = 0.05$ 时，试判断这三种不同树脂的吸附能力是否有显著差别.

2. 某化工厂选用了五个厂家的原材料，为了考察产物的转化率，分别做了七次试验，结果如下：

试验序号	产物的转化率				
	厂家一	厂家二	厂家三	厂家四	厂家五
1	9.7	10.4	15.9	8.6	9.7
2	5.6	9.6	14.4	11.1	12.8
3	8.4	7.3	8.3	10.7	8.7
4	7.9	6.8	12.8	7.6	13.4
5	8.2	8.8	7.9	6.4	8.3
6	7.7	9.2	11.6	5.9	11.7
7	8.1	7.6	9.8	8.1	10.7

在显著性水平为 $\alpha = 0.05$ 时,试判断这五个厂家的原材料对于转化率的影响是否有显著差别.

3. 为了考察肺癌的患病率,医院调查了近五年某个城市一万名成年人中新增的肺癌患者数量,结果如下:

年份	新增肺癌患者数量			
	冬季	春季	夏季	秋季
2010	33	31	29	32
2011	32	30	28	29
2012	35	33	29	28
2013	34	28	33	30
2014	37	34	28	29

假设利用无交互作用的双因素方差分析模型,在显著性水平为 $\alpha = 0.05$ 时,试判断年份和季节这两个因素的影响是否有显著差别.

4. 在一个医学试验中,为了研究血小板产物,试验人员将 16 只白鼠置于 5 000 米高的海拔处,另 16 只置于海平面高度. 每组中又各有一半选择切除脾脏. 20 天后观测纤维蛋白原结果如下:

海拔高度	纤维蛋白原数量	
	脾脏切除	脾脏完整
高海拔	528	434
	331	444
	312	338
	575	342
	472	338
	444	331
	575	288
	384	319
海平面	294	272
	275	254
	350	352
	350	241
	466	291
	388	175
	425	241
	344	238

假设利用有交互作用的双因素方差分析模型,在显著性水平为 $\alpha = 0.05$ 时,试判断海拔和脾脏这两个因素及其交互作用的影响是否有显著差别.

第7章

回归分析

在很多科学和工程问题中,都会涉及研究多个变量之间的影响关系.例如在一个农业试验中,研究人员关心农作物的产量与光照强度和施肥量之间的关系,对这种关系的了解会帮助我们来预测在特定光照强度和施肥量条件下,农作物的预期增产情况.回归分析是用来研究一个因变量与另一个(或另几个)自变量之间的关系的统计方法,具体讨论自变量数值的变化对因变量数值变化的影响,通过确定一个相应的数学方程,利用已知量来推测未知量,为预测提供一个重要的方法.我国数理统计学家陈希孺在回归分析领域做出了具有国际影响的工作.

通常记因变量(又称响应变量)为 Y,它会受到一些自变量 $x_1, x_2, \cdots, x_p$ 的影响,而这种影响关系的一种最简单的形式就是线性关系,即方程

$$Y = \beta_0 + \beta_1 x_1 + \cdots + \beta_p x_p,$$

其中 $\beta_0, \beta_1, \cdots, \beta_p$ 称为系数.如果这个方程成立,那么因变量 Y 可以由自变量 x_1, $x_2, \cdots, x_p$ 准确地解释和预测,这是以往的确定性关系,例如球的体积与半径之间的关系式、匀速时路程与时间之间的关系式.然而在实践中,这种确定性关系往往是无法严格成立的,常常会带有一定的误差,因此引入模型

$$Y = \beta_0 + \beta_1 x_1 + \cdots + \beta_p x_p + \varepsilon,$$

其中 ε 代表 0 均值的随机误差项,进而有

$$E(Y) = \beta_0 + \beta_1 x_1 + \cdots + \beta_p x_p.$$

即无论因变量 Y 怎么变化,总的来说其平均值满足某种规律,这种现象被称为回归.由于是线性关系,此模型被称为**线性回归模型**.若自变量只有一个,即 $p=1$,则称模型为**简单线性回归模型**.此处基于讨论的方便性,假设自变量 $x_1, x_2, \cdots, x_p$

是非随机的.

　　方差分析与回归分析处理的问题之间有一定的区别和联系.方差分析可以看作是自变量为离散变量,而因变量为正态变量的回归分析.单因素方差分析即有一个自变量,而多因素方差分析有多个自变量.

7.1　简单线性回归

简单线性
回归的背景

1.模型

　　为了研究两个变量间的关系,通常首先从直观的图示方法如散点图开始.在散点图中,横坐标为一个变量的取值,纵坐标为另一个变量的取值,图中的每个点代表一个样本点,它是自变量与因变量间关系的一个具体展示.在回归分析中,要解决的问题是如何寻找一条最恰当的直线并能代表两个变量间的关系,也就是能够最大程度拟合这些散点的直线.下面看一个具体的例子:

　　例 7.1　某化工试验的产物产出率受试验温度(单位:℃)的影响,进行 10 组试验,结果见表 7-1.现要求确定两者之间是否存在线性相关关系?

表 7-1　　　　　　　　　　试验结果

试验	温度 x/(℃)	产出率 y	试验	温度 x/(℃)	产出率 y
1	100	45	6	150	68
2	110	52	7	160	75
3	120	54	8	170	76
4	130	63	9	180	92
5	140	62	10	190	88

　　作一直角坐标系,以温度 x_i 为横轴,产出率 y_i 为纵轴,把表 7-1 中的数据画在这个坐标系上,如图 7-1 所示.

　　从图 7-1 可以看出两者的变化有近似于直线的关系,因此,可以选用简单线性回归,以温度为自变量、以产出率为因变量来描述它们之间的关系,即满足如下的样本回归模型,

$$y_i = \beta_0 + \beta_1 x_i + \varepsilon_i \quad (i = 1, 2, \cdots, n),$$

其中 y_i 是因变量的第 i 个观察值,x_i 是自变量的第 i 个观察值,β_0 与 β_1 是回归系

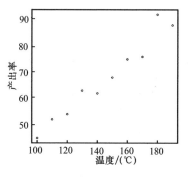

图 7-1 散点图

简单线性
回归的假定

数，β_0 是截距项，β_1 是斜率项，n 是样本容量，ε_i 是随机误差. 自变量 x_i 是非随机的变量. 由于 ε_i 是随机变量，因此因变量 y_i 也是一个随机变量.

为了估计参数 β_0 与 β_1，通常假设随机误差 $\varepsilon_i(i=1,2,\cdots,n)$，独立同分布于均值为 0、方差为 σ^2 的正态分布 $N(0,\sigma^2)$，于是 $E(\varepsilon_i)=0,\mathrm{Var}(\varepsilon_i)=\sigma^2$. 在此条件下，便可以得到关于回归系数的估计及 σ^2 估计的分布.

上述假定可以转化为关于随机变量 y_i 的假定，即 $y_i(i=1,2,\cdots,n)$ 相互独立且分布为 $N(\beta_0+\beta_1 x_i,\sigma^2)$，于是 $E(y_i)=\beta_0+\beta_1 x_i,\mathrm{Var}(y_i)=\sigma^2$.

简单线性回归模型关注的问题是：给出参数 β_0,β_1,σ^2 的点估计、区间估计和假设检验，进而给出模型的预测和控制. 当然更重要的是在实践中，灵活地运用回归模型对实际问题给出合理的分析.

2. 最小二乘估计

最小二乘估计

为了由样本数据得到回归参数 β_0,β_1 的估计，引入最小二乘估计方法. 对每一个样本观察值 (x_i,y_i)，最小二乘法的基本思想就是希望回归直线与所有样本数据点都很近，即观察值 y_i 与其期望值 $E(y_i|x=x_i)=\beta_0+\beta_1 x_i$ 的差值 $y_i-E(y_i|x=x_i)=y_i-(\beta_0+\beta_1 x_i)$ 越接近于 0 越好，于是考虑这 n 个差值的平方和达到最小，即

$$Q(\beta_0,\beta_1)=\sum_{i=1}^{n}(y_i-\beta_0-\beta_1 x_i)^2$$

达到最小. 记最小值点为 $\hat{\beta}_0,\hat{\beta}_1$，称为最小二乘估计，满足

$$(\hat{\beta}_0,\hat{\beta}_1)=\arg\min Q(\beta_0,\beta_1).$$

由于 $Q(\beta_0,\beta_1)$ 是关于 β_0 和 β_1 的非负二次函数，因而它的最小值总是存在的.

根据微积分中求极值的方法,首先对 $Q(\beta_0,\beta_1)$ 分别关于 β_0 和 β_1 求偏导,然后令这两个偏导等于 0,得

$$\begin{cases} \dfrac{\partial Q}{\partial \beta_0} = -2\sum_{i=1}^n [y_i - (\beta_0 + \beta_1 x_i)] = 0, \\ \dfrac{\partial Q}{\partial \beta_1} = -2\sum_{i=1}^n [y_i - (\beta_0 + \beta_1 x_i)] x_i = 0. \end{cases}$$

经整理后,得正规方程组

$$\begin{cases} n\beta_0 + (\sum x_i)\beta_1 = \sum y_i, \\ (\sum x_i)\beta_0 + (\sum x_i^2)\beta_1 = \sum x_i y_i, \end{cases}$$

求解正规方程组,得

$$\begin{cases} \hat{\beta}_0 = \dfrac{\sum y_i}{n} - \hat{\beta}_1 \dfrac{\sum x_i}{n} = \bar{y} - \hat{\beta}_1 \bar{x}, \\ \hat{\beta}_1 = \dfrac{n\sum x_i y_i - \sum x_i \sum y_i}{n\sum x_i^2 - (\sum x_i)^2} = \dfrac{\sum(x_i - \bar{x})(y_i - \bar{y})}{\sum(x_i - \bar{x})^2}. \end{cases}$$

若记

$$l_{xx} = \sum(x_i - \bar{x})^2 = \sum x_i^2 - n(\bar{x})^2,$$

$$l_{xy} = \sum(x_i - \bar{x})(y_i - \bar{y}) = \sum x_i y_i - n\bar{x}\bar{y},$$

则估计式可以简记为

$$\begin{cases} \hat{\beta}_0 = \bar{y} - \hat{\beta}_1 \bar{x}, \\ \hat{\beta}_1 = \dfrac{l_{xy}}{l_{xx}}. \end{cases}$$

在得到估计后,如果不考虑模型中的误差项,可以得到

$$\hat{y}_i = \hat{\beta}_0 + \hat{\beta}_1 x_i,$$

这称为经验回归方程,其中 $\hat{y}_i$ 称为 y_i 的拟合值.依据此一元线性回归方程可以在直角坐标系中画出一条回归直线,如图 7-2 所示.

3. 极大似然估计

除了上述的最小二乘法外,极大似然估计也可以作为回归参数

极大似然估计

的估计方法.设样本观测值为 $(x_1,y_1),(x_2,y_2),\cdots,(x_n,y_n)$,由假设 $\varepsilon_i \sim N(0,\sigma^2)$ 知 $y_i \sim N(\beta_0 + \beta_1 x_i, \sigma^2)(i=1,2,\cdots,n)$,且 $y_1,y_2,\cdots,y_n$ 相互独立,故 $y_1,$

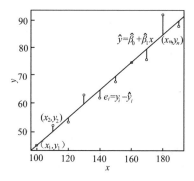

图 7-2   一元线性回归示意图

$y_2,\cdots,y_n$ 的联合密度函数即似然函数为

$$L(\beta_0,\beta_1,\sigma^2) = \prod_{i=1}^{n} \frac{1}{\sqrt{2\pi}\sigma} \exp\left\{-\frac{1}{2\sigma^2}(y_i-\beta_0-\beta_1 x_i)^2\right\}$$
$$= \left(\frac{1}{\sqrt{2\pi}\sigma}\right)^n \exp\left\{-\frac{1}{2\sigma^2}\sum_{i=1}^{n}(y_i-\beta_0-\beta_1 x_i)^2\right\}.$$

对上式两端取对数,得对数似然函数为

$$\ln(L) = -\frac{n}{2}\ln(2\pi\sigma^2) - \frac{1}{2\sigma^2}\sum_{i=1}^{n}(y_i-\beta_0-\beta_1 x_i)^2.$$

求 $\ln(L)$ 的极大值就等价于对 $\sum\limits_{i=1}^{n}(y_i-\beta_0-\beta_1 x_i)^2$ 求极小值,这与最小二乘法完全相同. 因此,在 $\varepsilon_i \sim N(0,\sigma^2)$ 的假设条件下,最小二乘估计与极大似然估计是一致的. 此外给出 σ^2 的估计

$$\hat{\sigma}^2 = \frac{1}{n-2}\sum_{i=1}^{n}(y_i-\hat{y}_i)^2 = \frac{1}{n-2}\sum_{i=1}^{n}(y_i-\hat{\beta}_0-\hat{\beta}_1 x_i)^2.$$

例7.2   下面以例 7.1 中的数据拟合回归方程,得

$$\begin{cases} \hat{\beta}_0 = \bar{y} - \hat{\beta}_1 \bar{x} = -4.472\,73, \\ \hat{\beta}_1 = \dfrac{l_{xy}}{l_{xx}} = 0.496\,36. \end{cases}$$

于是得经验回归方程

$$\hat{y}_i = -4.472\,73 + 0.496\,36 x_i.$$

方差的估计为

$$\hat{\sigma}^2 = \frac{1}{n-2}\sum_{i=1}^{n}(y_i-\hat{y}_i)^2 = \frac{1}{n-2}\sum_{i=1}^{n}(y_i-\hat{\beta}_0-\hat{\beta}_1 x_i)^2$$

$$= 11.986\ 36 \approx 3.462^2.$$

所得回归直线如图 7-3 所示.

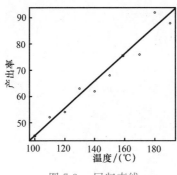

图 7-3　回归直线

4. 最小二乘估计的性质

最小二乘法得到的参数估计具有线性性、无偏性及有效性等优良的统计性质,同时能够在误差正态性的假设之下得到估计的精确分布.

最小二乘估计
的性质(1)

(1) 线性性. 即估计量 $\hat{\beta}_0$, $\hat{\beta}_1$ 为随机变量 y_i 的线性组合.

斜率项的估计 $\hat{\beta}_1$ 可以改写为

$$\hat{\beta}_1 = \frac{l_{xy}}{l_{xx}} = \sum_{i=1}^{n} \left(\frac{x_i - \overline{x}}{l_{xx}} \right) y_i,$$

最小二乘估计
的性质(2)

其中 $\dfrac{x_i - \overline{x}}{l_{xx}}$ 是 y_i 的系数,所以 $\hat{\beta}_1$ 为随机变量 $y_1, y_2, \cdots, y_n$ 的线性组合. 对 $\hat{\beta}_0$ 而言,因为

$$\hat{\beta}_0 = \overline{y} - \hat{\beta}_1 \overline{x} = \sum_{i=1}^{n} \left(\frac{1}{n} - \frac{x_i - \overline{x}}{l_{xx}} \overline{x} \right) y_i,$$

可见 $\hat{\beta}_0$ 也是 $y_1, y_2, \cdots, y_n$ 的线性组合.

(2) 无偏性. 即 $E(\hat{\beta}_0) = \beta_0$, $E(\hat{\beta}_1) = \beta_1$, $E(\hat{\sigma}^2) = \sigma^2$.

由模型假设知 $E(y_i) = \beta_0 + \beta_1 x_i$, 得

$$E(\hat{\beta}_1) = \sum_{i=1}^{n} \left(\frac{x_i - \overline{x}}{l_{xx}} \right) E(y_i) = \sum_{i=1}^{n} \left(\frac{x_i - \overline{x}}{l_{xx}} \right) (\beta_0 + \beta_1 x_i)$$

$$= \beta_1 \sum_{i=1}^{n} \frac{x_i - \overline{x}}{l_{xx}} x_i = \beta_1,$$

$$E(\hat{\beta}_0) = E(\overline{y} - \hat{\beta}_1 \overline{x}) = E(\overline{y}) - E(\hat{\beta}_1) \overline{x} = \beta_0 + \beta_1 \overline{x} - \beta_1 \overline{x} = \beta_0,$$

可见$\hat{\beta}_0$与$\hat{\beta}_1$分别是β_0与β_1的无偏估计. $E(\hat{\sigma}^2)=\sigma^2$的证明稍后给出.

（3）有效性. 有效性是指最小二乘估计$\hat{\beta}_0$与$\hat{\beta}_1$在所有的线性无偏估计中, 具有最小的方差, 有时也称$\hat{\beta}_0$与$\hat{\beta}_1$分别为β_0与β_1的最优线性无偏估计, 这是Gauss-Markov 定理的内容, 证明省略. 下面给出最小二乘估计$\hat{\beta}_0$与$\hat{\beta}_1$的方差:

$$\mathrm{Var}(\hat{\beta}_1)=\sum_{i=1}^{n}\left(\frac{x_i-\bar{x}}{l_{xx}}\right)^2\mathrm{Var}(y_i)=\sigma^2\sum_{i=1}^{n}\left(\frac{x_i-\bar{x}}{l_{xx}}\right)^2=\frac{\sigma^2}{l_{xx}},$$

$$\mathrm{Var}(\hat{\beta}_0)=\mathrm{Var}\left[\sum_{i=1}^{n}\left(\frac{1}{n}-\frac{x_i-\bar{x}}{l_{xx}}\bar{x}\right)y_i\right]$$

$$=\sum_{i=1}^{n}\left(\frac{1}{n}-\frac{x_i-\bar{x}}{l_{xx}}\bar{x}\right)^2\mathrm{Var}(y_i)=\left(\frac{1}{n}+\frac{\bar{x}^2}{l_{xx}}\right)\sigma^2.$$

此外 $\mathrm{Cov}(\hat{\beta}_0,\hat{\beta}_1)=-\dfrac{\bar{x}}{l_{xx}}\sigma^2$, 证明留做练习.

由此, 在正态分布的假设下, 不难推测$\dfrac{1}{\sigma^2}\sum_{i=1}^{n}(y_i-\hat{\beta}_0-\hat{\beta}_1x_i)^2$服从$\chi^2$分布, 由于$\hat{\beta}_0,\hat{\beta}_1$是最小二乘估计, 因而代入最小二乘目标函数的正规方程组可得

$$\hat{\beta}_0\sum_{i=1}^{n}(y_i-\hat{\beta}_0-\hat{\beta}_1x_i)=0,\hat{\beta}_1\sum_{i=1}^{n}(y_i-\hat{\beta}_0-\hat{\beta}_1x_i)x_i=0,$$

进而有

$$E\left[\sum_{i=1}^{n}(y_i-\hat{\beta}_0-\hat{\beta}_1x_i)^2\right]=E\left[\sum_{i=1}^{n}(y_i-\hat{\beta}_0-\hat{\beta}_1x_i)y_i\right]$$

$$=E\left[\sum_{i=1}^{n}(y_i^2-\hat{\beta}_0y_i-\hat{\beta}_1x_iy_i)\right]$$

$$=E\left(\sum_{i=1}^{n}y_i^2-\hat{\beta}_0\sum_{i=1}^{n}y_i-\hat{\beta}_1\sum_{i=1}^{n}x_iy_i\right)$$

$$=E\left[\sum_{i=1}^{n}y_i^2-\hat{\beta}_0\left(n\hat{\beta}_0+\hat{\beta}_1\sum_{i=1}^{n}x_i\right)-\hat{\beta}_1\left(\hat{\beta}_0\sum_{i=1}^{n}x_i+\hat{\beta}_1\sum_{i=1}^{n}x_i^2\right)\right]$$

$$=E\left[\sum_{i=1}^{n}y_i^2-n\hat{\beta}_0^2-2\hat{\beta}_0\hat{\beta}_1\sum_{i=1}^{n}x_i-\hat{\beta}_1^2\sum_{i=1}^{n}x_i^2\right]$$

$$=(n-2)\sigma^2,$$

可以确定χ^2分布自由度的大小为$n-2$, 故可以给出

$$\frac{\sum_{i=1}^{n}(y_i-\hat{\beta}_0-\hat{\beta}_1 x_i)^2}{\sigma^2} \sim \chi^2(n-2),$$

于是

$$E(\hat{\sigma}^2)=E\left[\frac{1}{n-2}\sum_{i=1}^{n}(y_i-\hat{\beta}_0-\hat{\beta}_1 x_i)^2\right]$$

$$=\frac{\sigma^2}{n-2}E\left[\frac{\sum_{i=1}^{n}(y_i-\hat{\beta}_0-\hat{\beta}_1 x_i)^2}{\sigma^2}\right]=\sigma^2,$$

可见 $\hat{\sigma}^2$ 也是 σ^2 的无偏估计.

（4）在模型误差项正态分布的假设下有：

① $\hat{\beta}_1 \sim N\left(\beta_1, \frac{\sigma^2}{l_{xx}}\right)$；

② $\hat{\beta}_0 \sim N\left(\beta_0, \left(\frac{1}{n}+\frac{\bar{x}^2}{l_{xx}}\right)\sigma^2\right)$；

③ $\frac{(n-2)\hat{\sigma}^2}{\sigma^2} \sim \chi^2(n-2)$，且 $\hat{\sigma}^2$ 与 $\hat{\beta}_0, \hat{\beta}_1$ 相互独立.

独立性的证明省略. 估计的分布确定之后，可以讨论置信区间和假设检验等内容.

回归方程的精度　　回归方程的
　　　　　　　　　显著性检验

5. 回归方程的显著性检验

在拟合模型后，要考察模型的假设条件是否合理，其中最主要的就是回归方程的显著性检验，这主要是指自变量与因变量是否存在显著的线性关系，即斜率项 β_1 是否为零. 此问题可以通过假设检验来回答，借助于不同的方法来检验这种关系. 虽然拟合回归方程之前，要假设变量 x_i 与 y_i 之间是线性关系，但这需要通过检验才能判定. 下面介绍三种可用于检验回归方程显著性的方法.

（1）F 检验法

首先考虑基于因变量 y_i 的离差和 $\sum(y_i-\bar{y})^2$（离差和也称为总离差平方和），记为 SS_T. 若利用 y_i 与 x_i 之间的经验回归方程去估计 y_i，所产生的误差称为残差，记为 $e_i=y_i-\hat{y}_i$，易证 $\sum_{i=1}^{n} e_i=0$. 称 $\sum(y_i-\hat{y}_i)^2$ 为残差平方和，记为 SS_E. 为

了说明 SS_T 与 SS_E 之间的关系, 对 SS_T 进行分解:

$$SS_T = \sum(y_i - \bar{y})^2 = \sum[(y_i - \hat{y}_i) + (\hat{y}_i - \bar{y})]^2$$
$$= \sum(y_i - \hat{y}_i)^2 + 2\sum(\hat{y}_i - \bar{y})(y_i - \hat{y}_i) + \sum(\hat{y}_i - \bar{y})^2$$
$$= \sum(\hat{y}_i - \bar{y})^2 + \sum(y_i - \hat{y}_i)^2,$$

最后一个等式成立是因为

$$\sum(\hat{y}_i - \bar{y})(y_i - \hat{y}_i) = \sum(\hat{\beta}_0 + \hat{\beta}_1 x_i - \bar{y})(y_i - \hat{y}_i)$$
$$= \sum(\bar{y} - \hat{\beta}_1\bar{x} + \hat{\beta}_1 x_i - \bar{y})(y_i - \hat{y}_i)$$
$$= \hat{\beta}_1\sum(x_i - \bar{x})(y_i - \hat{y}_i)$$
$$= \hat{\beta}_1\sum(x_i - \bar{x})(y_i - \bar{y} + \hat{\beta}_1\bar{x} - \hat{\beta}_1 x_i)$$
$$= \hat{\beta}_1\sum(x_i - \bar{x})(y_i - \bar{y}) - \hat{\beta}_1^2\sum(x_i - \bar{x})^2$$
$$= 0.$$

若记 $SS_R = \sum(\hat{y}_i - \bar{y})^2$, 则 $SS_T = SS_R + SS_E$, 称 SS_R 为回归平方和. 由回归平方和与残差平方和的意义知, 如果在总离差平方和 SS_T 中回归平方和 SS_R 所占的比重越大, 则残差平方和 SS_E 越小, 线性回归效果就越好, 这就说明回归直线与样本观察值拟合的程度就越好; 如果回归平方和 SS_R 所占的比重越小, 则残差平方和 SS_E 所占的比重越大, 回归直线与样本观察值的拟合效果就不理想. 此处的讨论与方差分析中的讨论相同, 因此也被称为回归模型的方差分析. 类似地可以证明, 对于模型误差项在正态分布的假设下有:

① $\dfrac{SS_E}{\sigma^2} \sim \chi^2(n-2)$;

② 在 $H_0: \beta_1 = 0$ 成立下, $\dfrac{SS_R}{\sigma^2} \sim \chi^2(1)$;

③ SS_R 与 SS_E 相互独立.

回归模型的显著性检验方法是将回归平方和 SS_R 同残差平方和 SS_E 加以比较, 应用 F 检验来分析两者之间的差别是否显著. 检验的具体步骤如下:

第一步, 提出假设:

$$H_0: \beta_1 = 0, \quad H_1: \beta_1 \neq 0.$$

第二步, 原假设 H_0 成立的情况下, 构造检验统计量

$$F = \frac{SS_R/1}{SS_E/(n-2)} = \frac{\sum(\hat{y}_i - \bar{y})^2/1}{\sum(y_i - \hat{y}_i)^2/(n-2)}.$$

在原假设 H_0 成立的情况下,统计量 F 服从 F 分布,第一自由度为 1,第二自由度为 $n-2$,即 $F \sim F(1, n-2)$. 进一步,由回归平方和 SS_R 同残差平方和 SS_E 的取值差异可知,当样本来自 H_0 所对应的总体时,统计量 F 取值偏小,而当样本来自 H_1 所对应的总体时,统计量 F 取值偏大.

第三步,给定显著性水平 α,构造拒绝域,确定临界值.

给定显著性水平 α,依据统计量 F 取值的差异,可知

$$P\{F > F_\alpha(1, n-2)\} = \alpha,$$

于是拒绝域为 $\{F > F_\alpha(1, n-2)\}$. 根据 α 和两个自由度,查 F 分布表可得相应的临界值 $F_\alpha(1, n-2)$.

第四步,代入数据计算 F,做出判断.

若 $F > F_\alpha(1, n-2)$,拒绝原假设 H_0,表明回归效果显著;否则接受原假设 H_0,表明回归效果不显著.

(2)t 检验法

回归方程的显著性检验就是检验自变量对因变量的影响是否显著,即总体回归系数 β_1 是否等于零,因此可以借助于讨论 β_1 的检验来解决. 由前面的知识知

$$\hat{\beta}_1 \sim N\left(\beta_1, \frac{\sigma^2}{l_{xx}}\right), \qquad \frac{(n-2)\hat{\sigma}^2}{\sigma^2} \sim \chi^2(n-2),$$

且 $\hat{\beta}_1$ 与 $\hat{\sigma}^2$ 相互独立,故有

$$\frac{\dfrac{\hat{\beta}_1 - \beta_1}{\sqrt{\sigma^2/l_{xx}}}}{\sqrt{\dfrac{(n-2)\hat{\sigma}^2}{\sigma^2}/(n-2)}} \sim t(n-2),$$

即

$$\frac{\hat{\beta}_1 - \beta_1}{\hat{\sigma}}\sqrt{l_{xx}} \sim t(n-2),$$

于是建立检验步骤如下:

第一步,提出假设:

$$H_0 : \beta_1 = 0, \quad H_1 : \beta_1 \neq 0.$$

第二步,原假设 H_0 成立的情况下,构造检验统计量

$$t = \frac{\hat{\beta}_1}{\hat{\sigma}} \sqrt{l_{xx}} \sim t(n-2).$$

第三步,给定显著性水平 α,有

$$P\{|t| > t_{\alpha/2}(n-2)\} = \alpha,$$

确定拒绝域为 $\{|t| > t_{\alpha/2}(n-2)\}$,根据自由度 $(n-2)$ 查 t 分布表可得相应的临界值 $t_{\alpha/2}(n-2)$.

第四步,代入数据计算 t,做出判断.

若 $|t| > t_{\alpha/2}(n-2)$,拒绝原假设 H_0,表明变量之间存在线性关系;否则接受原假设 H_0,表明变量之间不存在线性关系.

若 $t \sim t(n-2)$,则 $t^2 \sim F(1, n-2)$,由此可知这里所介绍的 t 检验法与 F 检验法等价.

例 7.3　下面以例 7.1 中的数据建立简单线性回归,给定显著性水平 $\alpha = 0.05$,对其回归模型做显著性检验.

解　用 F 检验法进行检验.

① 提出假设:

$$H_0: \beta_1 = 0, \quad H_1: \beta_1 \neq 0.$$

② 在原假设 H_0 成立的情况下,构造检验统计量

$$F = \frac{\sum(\hat{y}_i - \bar{y})^2/1}{\sum(y_i - \hat{y}_i)^2/(n-2)} \sim F(1, n-2).$$

③ 给定显著性水平 $\alpha = 0.05$,拒绝域为 $\{F > F_\alpha(1, n-2)\}$,临界值为 $F_\alpha(1, n-2)$.由于 $n-2=8$,查 F 分布表得临界值

$$F_{0.05}(1,8) = 5.32.$$

④ 代入数据计算 $F = 169.6$.由于

$$F = 169.6 > F_{0.05}(1,8) = 5.32,$$

所以拒绝原假设 H_0,表明回归效果显著.

用 t 检验法进行检验.

① 提出假设:

$$H_0: \beta_1 = 0, \quad H_1: \beta_1 \neq 0.$$

② 在原假设 H_0 成立的情况下,构造检验统计量

$$t = \frac{\hat{\beta}_1}{\hat{\sigma}} \sqrt{l_{xx}} \sim t(n-2).$$

③ 取显著性水平 $\alpha = 0.05$,有

$$P\{|t| > t_{\alpha/2}(n-2)\} = \alpha,$$

确定拒绝域为 $\{|t| > t_{\alpha/2}(n-2)\}$,并根据自由度 $n-2=8$,查 t 分布表得相应的临界值为

$$t_{\alpha/2}(8) = t_{0.025}(8) = 2.306\ 0.$$

④ 代入数据计算 $t = 13.023\ 06.$ 由于

$$t = 13.023\ 06 > t_{\alpha/2}(8) = t_{0.025}(8) = 2.306\ 0,$$

所以拒绝原假设 H_0,表明样本回归系数是显著的,试验温度与产出率之间确实存在着线性关系,试验温度是影响产出率的显著因素.

（3）相关系数检验法

由相关系数 r 的定义知 r 与 $\hat{\beta}_1$ 之间有如下关系:

$$r = \frac{\sum (x_i - \bar{x})(y_i - \bar{y})}{\sqrt{\sum (x_i - \bar{x})^2 \sum (y_i - \bar{y})^2}} = \frac{l_{xy}}{\sqrt{l_{xx} l_{yy}}}$$

$$= \frac{l_{xy}}{l_{xx}} \sqrt{\frac{l_{xx}}{l_{yy}}} = \hat{\beta}_1 \sqrt{\frac{l_{xx}}{l_{yy}}}.$$

直观上看当 H_0 为真时,$|\hat{\beta}_1|$ 应较小,若 $|r|$ 较大,就应拒绝 H_0,即拒绝域为 $\{|r| \geqslant c\}$,其中 c 满足 $P(|r| \geqslant c) = \alpha$,$\alpha$ 为显著性水平,则在已知 r 的分布时取 $c = r_{\frac{\alpha}{2}}(n-2)$.因此相关系数可以作为检验回归模型显著性的依据与方法.由 $r^2 = \dfrac{1}{1 + \dfrac{n-2}{F}}$ 可知相关系数检验法与 F 检验法也是等价的.

此外,定义样本决定系数为 r^2.容易证明 $r^2 = \dfrac{SS_R}{SS_T}$,可见样本决定系数 r^2 是回归直线与样本观察值拟合程度的相对指标,反映了因变量在波动中能用自变量解释的比例,r^2 总是在 0 与 1 之间,r^2 越接近于 1,拟合程度就越好.

6. 回归系数的假设检验和置信区间

（1）回归系数的假设检验

回归模型显著性检验中用到了回归系数检验法,即讨论回归系数 β_1 是否等于

零.更一般地还可以讨论是否等于某一个常数,即

$$H_0:\beta_1=\beta_{10}, \quad H_1:\beta_1\neq\beta_{10},$$

其中 β_{10} 为给定的常数.同样可以利用 t 检验法,由

$$\hat\beta_1\sim N\left(\beta_1,\frac{\sigma^2}{l_{xx}}\right), \quad \frac{(n-2)\hat\sigma^2}{\sigma^2}\sim\chi^2(n-2)$$

且 $\hat\beta_1$ 与 $\hat\sigma^2$ 相互独立,有

$$\frac{\dfrac{\hat\beta_1-\beta_1}{\sqrt{\sigma^2/l_{xx}}}}{\sqrt{\dfrac{(n-2)\hat\sigma^2}{\sigma^2}/(n-2)}}\sim t(n-2),$$

即

$$\frac{\hat\beta_1-\beta_1}{\hat\sigma}\sqrt{l_{xx}}\sim t(n-2).$$

于是在原假设 H_0 成立时,选取检验统计量

$$t=\frac{\hat\beta_1-\beta_{10}}{\hat\sigma}\sqrt{l_{xx}}\sim t(n-2).$$

当样本来自 H_0 对应的总体时,t 取值更接近于 0;当样本来自 H_1 对应的总体时,t 取值不接近于 0.因此给定显著性水平 α,有

$$P(|t|>t_{\alpha/2}(n-2))=\alpha,$$

则拒绝域为 $\{|t|>t_{\alpha/2}(n-2)\}$,根据自由度 $(n-2)$ 查 t 分布表得相应的临界值 $t_{\alpha/2}(n-2)$.

代入数据计算 t,做出判断.若 $|t|>t_{\alpha/2}(n-2)$,则拒绝原假设 H_0;否则接受原假设 H_0.特别地,若 $\beta_{10}=0$,则对应回归模型显著性检验的回归系数检验法.

如果讨论模型中截距项 β_0 是否等于某一常数,则需讨论

$$H_0:\beta_0=\beta_{00}, \quad H_1:\beta_0\neq\beta_{00},$$

其中 β_{00} 为给定的常数.同样可以利用 t 检验法,由

$$\hat\beta_0\sim N\left(\beta_0,\left(\frac{1}{n}+\frac{\bar x^2}{l_{xx}}\right)\sigma^2\right), \quad \frac{(n-2)\hat\sigma^2}{\sigma^2}\sim\chi^2(n-2)$$

且 $\hat\beta_0$ 与 $\hat\sigma^2$ 相互独立,有

$$\frac{\dfrac{\hat{\beta}_0 - \beta_0}{\sqrt{\left(\dfrac{1}{n} + \dfrac{\overline{x}^2}{l_{xx}}\right)\sigma^2}}}{\sqrt{\dfrac{(n-2)\hat{\sigma}^2}{\sigma^2}/(n-2)}} \sim t(n-2),$$

即

$$\frac{\hat{\beta}_0 - \beta_0}{\hat{\sigma}\sqrt{\dfrac{1}{n} + \dfrac{\overline{x}^2}{l_{xx}}}} \sim t(n-2).$$

于是在原假设 H_0 成立时,选取检验统计量

$$t = \frac{\hat{\beta}_0 - \beta_{00}}{\hat{\sigma}\sqrt{\dfrac{1}{n} + \dfrac{\overline{x}^2}{l_{xx}}}} \sim t(n-2).$$

当样本来自 H_0 对应的总体时,t 取值更接近于 0;当样本来自 H_1 对应的总体时,t 取值不接近于 0.因此给定显著性水平 α,有

$$P(|t| > t_{\alpha/2}(n-2)) = \alpha,$$

则拒绝域为 $\{|t| > t_{\alpha/2}(n-2)\}$,根据自由度 $(n-2)$ 查 t 分布表得相应的临界值 $t_{\alpha/2}(n-2)$.

代入数据计算 t,做出判断.若 $|t| > t_{\alpha/2}(n-2)$,则拒绝原假设 H_0;否则接受原假设 H_0.特别地,若 $\beta_{00} = 0$,则对应着检验回归直线经过原点.

(2) 回归系数的置信区间

由于假设检验的拒绝域和置信区间互补,因此不难构造回归系数 β_1 和 β_0 的置信水平为 $1-\alpha$ 的置信区间分别为

$$\left[\hat{\beta}_1 - \frac{\hat{\sigma}}{\sqrt{l_{xx}}}t_{\frac{\alpha}{2}}(n-2), \hat{\beta}_1 + \frac{\hat{\sigma}}{\sqrt{l_{xx}}}t_{\frac{\alpha}{2}}(n-2)\right],$$

$$\left[\hat{\beta}_0 - \hat{\sigma}\sqrt{\frac{1}{n} + \frac{\overline{x}^2}{l_{xx}}}t_{\frac{\alpha}{2}}(n-2), \hat{\beta}_0 + \hat{\sigma}\sqrt{\frac{1}{n} + \frac{\overline{x}^2}{l_{xx}}}t_{\frac{\alpha}{2}}(n-2)\right].$$

例 7.4　对于例 7.1 中的数据,试在给定显著性水平 $\alpha = 0.05$ 时,做回归系数检验 $H_0: \beta_1 = 0.5$.同时在给定置信水平 $1-\alpha = 0.95$ 时,构造 β_1 的置信区间.

解　(1) 首先检验系数 $H_0: \beta_1 = 0.5$.

① 提出假设：

$$H_0: \beta_1 = 0.5, \quad H_1: \beta_1 \neq 0.5.$$

② 在原假设 H_0 成立的情况下，构造检验统计量

$$t = \frac{\hat{\beta}_1 - 0.5}{\hat{\sigma}} \sqrt{l_{xx}} \sim t(n-2)$$

③ 给定显著性水平 $\alpha = 0.05$，拒绝域为 $\{|t| \geqslant t_{\alpha/2}(n-2)\}$，临界值为 $t_{\alpha/2}(n-2)$。由于 $n-2=8$，查 t 分布表得相应的临界值 $t_{\alpha/2}(8) = t_{0.025}(8) = 2.306\,0$。

④ 代入数据计算得 $t = -0.095\,5$。由于 $|t| = 0.095\,5 < t_{0.025}(8) = 2.306\,0$，所以接受原假设 H_0，表明斜率项显著为 0.5。

（2）其次构造 β_1 的置信区间。

① 由

$$\hat{\beta}_1 \sim N\left(\beta_1, \frac{\sigma^2}{l_{xx}}\right), \quad \frac{(n-2)\hat{\sigma}^2}{\sigma^2} \sim \chi^2(n-2)$$

且 $\hat{\beta}_1$ 与 $\hat{\sigma}^2$ 相互独立，有

$$\frac{\hat{\beta}_1 - \beta_1}{\hat{\sigma}} \sqrt{l_{xx}} \sim t(n-2).$$

② 给定置信水平 $1-\alpha = 0.95$ 时，$P(|t| \leqslant t_{\alpha/2}(n-2)) = 1-\alpha$。

③ 整理可得 β_1 的置信水平为 $1-\alpha = 0.95$ 的置信区间为

$$\left[\hat{\beta}_1 - \frac{\hat{\sigma}}{\sqrt{l_{xx}}} t_{\frac{\alpha}{2}}(n-2), \hat{\beta}_1 + \frac{\hat{\sigma}}{\sqrt{l_{xx}}} t_{\frac{\alpha}{2}}(n-2)\right].$$

④ 由于 $n-2=8$，查 t 分布表得相应的临界值 $t_{\alpha/2}(8) = t_{0.025}(8) = 2.306\,0$，代入数据计算得 β_1 的置信水平为 $1-\alpha = 0.95$ 的置信区间为 $[0.408\,5, 0.584\,3]$。

点预测与区间 预测 (1)　　点预测与区间 预测 (2)

7. 点预测与区间预测

回归方程的一个重要应用是预测。所谓预测是指在给定一个新的个体的自变量 x_0 时，对相应的因变量 y_0 做出推断。在求出经验回归方程并通过回归显著性检验后，就可以利用经验回归方程进行预测了。由模型 $y_0 = \beta_0 + \beta_1 x_0 + \varepsilon_0$ 知，y_0 是一个随机变量；要预测一个随机变量有两类思路：一是给出 y_0 的一个拟合值，也称为点预测值；二是给出 y_0 的一个置信区间，也就是预测区间。

若将 $x = x_0$ 代入经验回归方程得 $\hat{y}_0 = \hat{\beta}_0 + \hat{\beta}_1 x_0$,即得点预测值. 另外在模型误差项服从正态分布的假设下,不难证明

$$\hat{y}_0 \sim N\left(\beta_0 + \beta_1 x_0, \left(\frac{1}{n} + \frac{(x_0 - \bar{x})^2}{l_{xx}}\right)\sigma^2\right).$$

因而,$\hat{y}_0$ 为期望 $E(y_0) = \beta_0 + \beta_1 x_0$ 的一个无偏估计. 可见点预测值 $\hat{y}_0$ 与目标值 y_0 有相同的均值. 但是,$\hat{y}_0$ 的方差随着给定的 x_0 与样本均值 $\bar{x}$ 的距离 $|\bar{x} - x_0|$ 的增大而增大,即当给定的 x_0 与样本均值 $\bar{x}$ 相差较大时,y_0 的估计值 $\hat{y}_0$ 波动就较大. 这说明,在实际应用回归方程进行预测时,给定的 x_0 不能偏离样本均值 $\bar{x}$ 太大. 如果偏离太大,用回归方程做预测效果不会太理想.

下面给定置信水平 $1 - \alpha$,构造 y_0 的置信区间. 在正态分布的假设下有

$$y_0 \sim N(\beta_0 + \beta_1 x_0, \sigma^2)$$

且

$$\hat{y}_0 \sim N\left(\beta_0 + \beta_1 x_0, \left(\frac{1}{n} + \frac{(x_0 - \bar{x})^2}{l_{xx}}\right)\sigma^2\right),$$

即知 $\hat{y}_0$ 为 $y_1, y_2, \cdots, y_n$ 的线性组合,于是进一步有,y_0 与 $\hat{y}_0$ 相互独立,因此,

$$y_0 - \hat{y}_0 \sim N\left(0, \left(1 + \frac{1}{n} + \frac{(x_0 - \bar{x})^2}{l_{xx}}\right)\sigma^2\right).$$

控制

另一方面,由于 $\dfrac{n-2}{\sigma^2}\hat{\sigma}^2 \sim \chi^2(n-2)$ 且 $y_0, \hat{y}_0, \hat{\sigma}^2$ 相互独立,可以构造统计量如下:

$$t = \frac{\dfrac{y_0 - \hat{y}_0}{\sigma\sqrt{1 + \dfrac{1}{n} + \dfrac{(x_0 - \bar{x})^2}{l_{xx}}}}}{\sqrt{\dfrac{(n-2)\hat{\sigma}^2}{\sigma^2}/(n-2)}} = \frac{y_0 - \hat{y}_0}{\hat{\sigma}\sqrt{1 + \dfrac{1}{n} + \dfrac{(x_0 - \bar{x})^2}{l_{xx}}}} \sim t(n-2),$$

于是,对于给定的置信水平 $1 - \alpha$,y_0 的置信区间为

$$\left[\hat{y}_0 - t_{\frac{\alpha}{2}}(n-2)\hat{\sigma}\sqrt{1 + \frac{1}{n} + \frac{(x_0 - \bar{x})^2}{l_{xx}}}, \hat{y}_0 + t_{\frac{\alpha}{2}}(n-2)\hat{\sigma}\sqrt{1 + \frac{1}{n} + \frac{(x_0 - \bar{x})^2}{l_{xx}}}\right],$$

称此区间为 y_0 在置信水平 $1 - \alpha$ 下的预测区间. 给定样本观测值及置信水平,其精度与 x_0 有关,x_0 越靠近 $\bar{x}$,预测的精度就越高.

例 7.5 下面对于例 7.1 的数据做预测. 设 $x_0 = 200$,此时,可给出点预测:

$$\hat{y}_0 = -4.472\,73 + 0.496\,36x_0$$
$$= -4.472\,73 + 0.496\,36 \times 200 = 94.799\,27.$$

当置信水平 $1 - \alpha = 0.95$ 时,有

$$t_{\frac{\alpha}{2}}(n-2) \cdot \hat{\sigma} \sqrt{1 + \frac{1}{n} + \frac{(x_0 - \bar{x})^2}{l_{xx}}} \approx t_{\frac{\alpha}{2}}(n-2) \cdot \hat{\sigma}$$
$$= t_{0.025}(8) \times 3.462$$
$$= 2.306\,0 \times 3.462$$
$$= 7.983\,3,$$

所以,预测区间为 $(94.799\,27 \pm 7.983\,372)$. 也就是说,温度为 200 ℃ 时的产物转化率介于 86.815 9% 与 100% 的置信度为 95%. 注意此处的上限值超过了 100%,由实际情况决定只需取 100% 即可.

注:在实际问题中,样本容量通常很大. 若 x_0 在 $\bar{x}$ 的附近时,预测区间中的根式近似等于 1,而 $t_{\frac{\alpha}{2}}(n-2) \approx u_{\frac{\alpha}{2}}$,此时 y_0 的置信水平为 $1 - \alpha$ 的预测区间近似等于 $(\hat{y}_0 - \hat{\sigma}u_{\frac{\alpha}{2}}, \hat{y}_0 + \hat{\sigma}u_{\frac{\alpha}{2}})$. 计算中,可选用近似预测区间.

8. 控制

控制是预测的反问题,就是如何控制 x 的值,从而使 y 落在指定范围内,也就是给定 y 的变化范围求 x 的变化范围. 如果希望 y 在区间 (y_1, y_2) 内取值(y_1 与 y_2 已知),利用前面预测区间的讨论,则 x 的控制区间的两个端点 x_1, x_2 可由下述方程解出

$$\begin{cases} y_1 = \hat{\beta}_0 + \hat{\beta}_1 x_1 - t_{\frac{\alpha}{2}}(n-2) \cdot \hat{\sigma} \sqrt{1 + \frac{1}{n} + \frac{(x_1 - \bar{x})^2}{l_{xx}}}, \\ y_2 = \hat{\beta}_0 + \hat{\beta}_1 x_2 + t_{\frac{\alpha}{2}}(n-2) \cdot \hat{\sigma} \sqrt{1 + \frac{1}{n} + \frac{(x_2 - \bar{x})^2}{l_{xx}}}. \end{cases}$$

由此可以解出控制区间. 当回归系数 $\hat{\beta}_1 > 0$ 时,控制区间为 (x_1, x_2);当 $\hat{\beta}_1 < 0$ 时,控制区间为 (x_2, x_1). 当然也可以在计算中选择近似的控制区间.

注:(1) y 的取值范围一般仅限于在已试验过的 y 的变化范围之内,不能任意外推;

(2)(y_1, y_2) 不能任意小.

例 7.6　下面考虑例 7.1 的数据,当给定 $1 - \alpha = 0.95$ 时,希望 y 的取值范围在 $(60, 80)$,求应控制 x 在什么范围.

解　x 的控制区间的两个端点 x_1, x_2 可由下述方程解出

$$
\begin{cases}
60 = \hat{\beta}_0 + \hat{\beta}_1 x_1 - t_{\frac{\alpha}{2}}(n-2) \cdot \hat{\sigma} \sqrt{1 + \dfrac{1}{n} + \dfrac{(x_1 - \bar{x})^2}{l_{xx}}}, \\
80 = \hat{\beta}_0 + \hat{\beta}_1 x_2 + t_{\frac{\alpha}{2}}(n-2) \cdot \hat{\sigma} \sqrt{1 + \dfrac{1}{n} + \dfrac{(x_2 - \bar{x})^2}{l_{xx}}}.
\end{cases}
$$

上式较复杂,可以选择近似的区间

$$
\begin{cases}
60 = \hat{\beta}_0 + \hat{\beta}_1 x_1 - t_{\frac{\alpha}{2}}(n-2) \cdot \hat{\sigma}, \\
80 = \hat{\beta}_0 + \hat{\beta}_1 x_2 + t_{\frac{\alpha}{2}}(n-2) \cdot \hat{\sigma}.
\end{cases}
$$

或者更简单的形式:

$$
\begin{cases}
60 = \hat{\beta}_0 + \hat{\beta}_1 x_1 - z_{\frac{\alpha}{2}} \cdot \hat{\sigma}, \\
80 = \hat{\beta}_0 + \hat{\beta}_1 x_2 + z_{\frac{\alpha}{2}} \cdot \hat{\sigma}.
\end{cases}
$$

代入得

$$\hat{\beta}_0 = -4.472\,73, \quad \hat{\beta}_1 = 0.496\,36,$$

$$z_{\frac{\alpha}{2}} = z_{0.025} = 1.96, \quad \hat{\sigma} = 3.462$$

得 $[x_1, x_2] = [143.561\,6, 156.513\,8]$.

多元线性回归模型的最小二乘估计

7.2　多元线性回归

1. 多元线性回归模型

上一节讨论了自变量只有一个的情况,而在工程和科学问题中常常对因变量有多个影响因素. 例如在研究体重与身高之间的关系时,如果能够加入腰围的数据作为自变量,显然要更可信. 类似这种研究一个因变量与多个自变量之间线性相关关系的统计分析方法就称为多元线性回归分析. 多元线性回归分析能够更真实地反映现象之间的相互关系,因此在实践中应用更广.

假设一个随机变量 Y 与 p 个非随机自变量 $x_j(j=1,2,\cdots,p)$ 之间存在线性相关关系,则它们之间的关系可以用如下的多元线性回归模型来表示:

$$Y = \beta_0 + \beta_1 x_1 + \beta_2 x_2 + \cdots + \beta_p x_p + \varepsilon,$$

其中 Y 是因变量,$x_j(j=1,2,\cdots,p)$ 是自变量,$\beta_j(j=0,1,2,\cdots,p)$ 是模型的参数,ε 是随机误差.因为模型是多个参数的线性表达式,因此称为多元线性回归.事实上若因变量为体重,而自变量仅为身高和身高的平方项,也可以称为多元线性回归.模型中等号右端前一部分是常数,后一部分是随机变量,所以 Y 也是随机变量.

与一元线性回归模型相同,也假设多元线性回归模型中的误差项满足正态性、零均值、同方差性和独立性的条件.由于假设 $\varepsilon \sim N(0,\sigma^2)$,则

$$E(Y) = E(\beta_0 + \beta_1 x_1 + \beta_2 x_2 + \cdots + \beta_p x_p + \varepsilon)$$
$$= \beta_0 + \beta_1 x_1 + \beta_2 x_2 + \cdots + \beta_p x_p,$$
$$\text{Var}(Y) = \text{Var}(\beta_0 + \beta_1 x_1 + \beta_2 x_2 + \cdots + \beta_p x_p + \varepsilon)$$
$$= 0 + \text{Var}(\varepsilon) = \sigma^2.$$

由此可得

$$Y \sim N(\beta_0 + \beta_1 x_1 + \beta_2 x_2 + \cdots + \beta_p x_p, \sigma^2).$$

2. 参数估计

多元线性回归模型的参数 $\beta_j(j=0,1,2,\cdots,p)$ 及 σ^2 在一般情况下都是未知数.若对于自变量 $x_1,x_2,\cdots,x_p$ 和因变量 Y 共有 n 组观测数据,x_{ij} 表示自变量 x_j 的第 i 个观测值,y_i 表示因变量 Y 的第 i 个观测值,观测值来自模型

$$y_i = \beta_0 + \beta_1 x_{1i} + \beta_2 x_{2i} + \cdots + \beta_p x_{pi} + \varepsilon_i.$$

可根据样本数据 $(y_i,x_{1i},x_{2i},\cdots,x_{pi})(i=1,2,\cdots,n)$ 来估计参数.习惯上也可用矩阵和向量的形式来表示数据,令

$$\boldsymbol{Y} = \begin{pmatrix} y_1 \\ y_2 \\ \vdots \\ y_n \end{pmatrix}, \quad \boldsymbol{X} = \begin{pmatrix} 1 & x_{11} & \cdots & x_{1p} \\ 1 & x_{21} & \cdots & x_{2p} \\ \vdots & \vdots & & \vdots \\ 1 & x_{n1} & \cdots & x_{np} \end{pmatrix}.$$

同时令

$$\boldsymbol{\beta} = \begin{pmatrix} \beta_0 \\ \beta_1 \\ \vdots \\ \beta_p \end{pmatrix}, \quad \boldsymbol{\varepsilon} = \begin{pmatrix} \varepsilon_1 \\ \varepsilon_2 \\ \vdots \\ \varepsilon_n \end{pmatrix}.$$

则可将多元线性回归模型改写为

$$\boldsymbol{Y} = \boldsymbol{X}\boldsymbol{\beta} + \boldsymbol{\varepsilon}.$$

回归参数 $\beta_j (j = 0, 1, 2, \cdots, p)$ 的估计方法同样可以借助于最小二乘估计方法，即根据样本数据 $(y_i, x_{1i}, x_{2i}, \cdots, x_{pi})$ 来估计 $\beta_j (j = 0, 1, 2, \cdots, p)$ 时，使得残差平方和

$$\begin{aligned} Q(\boldsymbol{\beta}) &= \sum_{i=1}^{n} (y_i - \hat{y}_i)^2 \\ &= \sum_{i=1}^{n} \left[y_i - (\beta_0 + \beta_1 x_{1i} + \cdots + \beta_p x_{pi}) \right]^2 \\ &= (\boldsymbol{Y} - \boldsymbol{X}\boldsymbol{\beta})^{\mathrm{T}} (\boldsymbol{Y} - \boldsymbol{X}\boldsymbol{\beta}) \end{aligned}$$

取极小值. 为此，对 $Q(\boldsymbol{\beta})$ 分别关于 $\beta_j (j = 0, 1, 2, \cdots, p)$ 求偏导数，令其等于零，由此，可以得到 $p + 1$ 个方程构成的方程组：

$$\begin{cases} \dfrac{\partial Q}{\partial \beta_0} = 0, \\[2mm] \dfrac{\partial Q}{\partial \beta_1} = 0, \\[2mm] \vdots \\[2mm] \dfrac{\partial Q}{\partial \beta_p} = 0. \end{cases}$$

解方程组得

$$\hat{\boldsymbol{\beta}} = (\boldsymbol{X}^{\mathrm{T}} \boldsymbol{X})^{-1} \boldsymbol{X} \boldsymbol{Y},$$

其中假设 $\boldsymbol{X}^{\mathrm{T}} \boldsymbol{X}$ 存在逆矩阵. 不难推出常数项 $\hat{\beta}_0 = \overline{Y} - \sum_{j=1}^{p} \hat{\beta}_j \cdot \overline{x}_j$. 由此可以得到经验回归方程为

$$\hat{y}_i = \hat{\beta}_0 + \hat{\beta}_1 x_{1i} + \hat{\beta}_2 x_{2i} + \cdots + \hat{\beta}_p x_{pi} \ \text{或} \ \hat{\boldsymbol{Y}} = \boldsymbol{X}\hat{\boldsymbol{\beta}}.$$

多元线性回归模型中的另一个参数是 $\boldsymbol{Y}$ 的方差 σ^2. 因为多元线性回归模型中有 $p + 1$ 个回归参数要估计，所以 σ^2 的无偏估计量应是

最小二乘估计的
性质,回归方程
的假设检验

$$\hat{\sigma}^2 = \sum (y_i - \hat{y}_i)^2 / (n - p - 1).$$

关于估计的性质,在误差项正态性的假设之下,可以得到 $\hat{\boldsymbol{\beta}}$ 是无偏估计,即 $E(\hat{\boldsymbol{\beta}}) = \boldsymbol{\beta}$,并且

$$\mathrm{Var}(\hat{\boldsymbol{\beta}}) = \sigma^2 (\boldsymbol{X}^{\mathrm{T}} \boldsymbol{X})^{-1},$$

于是

$$\hat{\boldsymbol{\beta}} \sim N(\boldsymbol{\beta}, \sigma^2 (\boldsymbol{X}^{\mathrm{T}} \boldsymbol{X})^{-1}).$$

此外,$\hat{\sigma}^2$ 也是无偏估计,即 $E(\hat{\sigma}^2) = \sigma^2$,$\hat{\sigma}^2$ 与 $\hat{\beta}$ 相互独立,且

$$(n - p - 1)\hat{\sigma}^2 / \sigma^2 \sim \chi^2(n - p - 1).$$

3. 多元回归中的方差分析和显著性检验

与一元线性回归模型相同,在多元线性回归模型中,也需要对模型中所包含的自变量与因变量之间是否存在线性相关关系做出检验.多元线性回归模型的显著性检验,首先对总离差平方和进行分解,判定 Y 与 p 个自变量 x_j 之间总体上的相关程度,然后用 F 检验进行总相关检验.

(1) 总离差平方和的分解和多元相关系数

与简单线性回归时的讨论一样,也可以定义多元线性回归的总离差平方和 SS_{T},并把它分解为 SS_{R} 和 SS_{E} 两部分:

$$SS_{\mathrm{T}} = \sum (y_i - \bar{y}_i)^2 = \sum (\hat{y}_i - \bar{y}_i)^2 + \sum (y_i - \hat{y}_i)^2,$$

与一元线性回归分析方法相同,同样记作

$$SS_{\mathrm{T}} = SS_{\mathrm{R}} + SS_{\mathrm{E}},$$

其中 $\hat{y}_i = \hat{\beta}_0 + \hat{\beta}_1 x_{1i} + \hat{\beta}_2 x_{2i} + \cdots + \hat{\beta}_p x_{pi}$.

(2) 多元回归模型的 F 检验

对于简单回归方程,对一个自变量 x 的系数是否为零的假设检验等价于对整个回归模型进行显著性检验.但对于多元回归模型,对回归模型中所有系数进行显著性检验才等价于对回归方程进行显著性检验.对整个回归方程进行显著性检验通常也采用 F 检验,即检验 Y 与 p 个自变量 x_j 之间整体上是否存在显著的线性相关关系,此时检验的步骤如下:

第一步,建立假设:

原假设 $H_0: \beta_1 = \beta_2 = \cdots = \beta_p = 0$;

备择假设 $H_1: \beta_j$ 不全为 $0 (j = 1, 2, \cdots, p)$.

　　事实上,在所有的自变量 x_j 中,只要有一个 x_j 与 Y 之间存在显著线性相关,那么 Y 与 p 个自变量 x_j 自变量之间的相关系数就不等于零.反过来,若 Y 与 p 个自变量 x_j 之间的相关系数不是零,在 p 个 β_j 中必有一个不为零.

　　第二步,构造检验统计量:

$$F = \frac{SS_R(x_1, x_2, \cdots, x_p)/p}{SS_E(x_1, x_2, \cdots, x_p)/(n-p-1)} = \frac{MS_R}{MS_E},$$

F 是两个平均离差平方和(方差)之比,可以证明在原假设 H_0 成立的情况下,F 服从自由度为 p 和 $n-p-1$ 的 F 分布,即 $F \sim F(p, n-p-1)$.进一步分析,如果样本来自 H_0 对应的总体,F 值将接近 1;如果样本来自 H_1 对应的总体,则 F 值将大于 1.

　　第三步,给定显著性水平 α,有

$$P\{F > F_\alpha(p, n-p-1)\} = \alpha,$$

于是拒绝域为 $\{F > F_\alpha(p, n-p-1)\}$,查 F 分布表可以确定临界值为 $F_\alpha(p, n-p-1)$.

　　第四步,代入数据计算 F,判断 H_0 是否成立.

　　如果 $F > F_\alpha(p, n-p-1)$,则拒绝 H_0,说明 Y 与 p 个 x_j 之间总的来说存在显著性相关;否则接受 H_0,说明 Y 与 p 个 x_j 之间不存在显著性相关.

　　多元线性回归模型还有很多统计推断问题需要深入讨论,限于篇幅,本书不做过多介绍,感兴趣的读者可以参考有关书籍.

统计学家小传

　　陈希孺(1934—2005),1934 年 2 月 11 日出生于湖南省望城县,2005 年 8 月 8 日逝世.陈希孺 1956 年毕业于武汉大学,进入中国科学院数学研究所工作,1957 年前往波兰科学院进修,1961 年调至中国科学技术大学任教.1980 年参与创建中国概率统计学会,被推选为第一届理事长,1985 年当选国际统计学会会员,1997 年当选为中国科学院院士,致力于中国的数理统计学的研究和教育事业,主要从事线性模型、U 统计量、参数估计与非参数密度、回归估计和判别等研究.

　　陈希孺是中国线性回归大样本理论的开拓者,他在参数统计领域以及非参数统计领域都作出了具有国际影响的工作.他解决了在一般同变损失下位置 —— 刻度参数的序贯 Minimax 同变估计的存在和形式问题;给出了在多种抽样机制之下,

作为分布泛函的一般参数存在精确区间估计的条件,否定了国外学者关于此问题的某些猜测;特别关于 U 统计量逼近正态分布的非一致收敛速度的工作被广泛引用.

习　题

1. 试验证

(1) $\sum (y_i - \hat{y}_i) = 0$;

(2) $\sum (y_i - \hat{y}_i) x_i = 0$;

(3) $\sum (y_i - \hat{y}_i)(\hat{y}_i - \bar{y}_i) = 0$.

2. 某一化学反应在不同温度(单位:℃)下产出率不同,现在检测到一组试验结果如下

试验	温度 x/(℃)	产出率 y	试验	温度 x/(℃)	产出率 y
1	150	77.4	5	200	84.5
2	150	76.7	6	200	83.7
3	150	78.2	7	250	88.9
4	200	84.1	8	250	89.2
9	250	89.7	11	300	94.7
10	300	94.8	12	300	95.9

以温度 x_i 为自变量,产出率 y_i 为因变量,建立回归模型 $y_i = \beta_0 + \beta_1 x_i + \varepsilon_i$.

(1) 试求参数 β_0, β_1 的最小二乘估计;

(2) 试判断 β_0 是否为 0,并给出置信度为 95% 的置信区间;

(3) 试判断 β_1 是否为 0,并给出置信度为 95% 的置信区间;

(4) 在温度为 $225\ ℃$ 时,给出产出率的点预测及 95% 的预测区间.

3. 测得 12 名中学生的体重 y(单位:磅)和身高 x(单位:英寸)的数据如下

$$\sum_{i=1}^{12} x_i = 643; \quad \sum_{i=1}^{12} y_i = 753; \quad \sum_{i=1}^{12} x_i y_i = 40\ 830;$$

$$\sum_{i=1}^{12} x_i^2 = 34\ 843; \quad \sum_{i=1}^{12} y_i^2 = 48\ 139.$$

(1) 求 y_i 关于 x_i 的线性回归方程 $\hat{y}_i = \hat{\beta}_0 + \hat{\beta}_1 x_i$;

(2) 求 y_i 与 x_i 的样本相关系数;

(3) 求 σ^2 的无偏估计值;

(4) 判断回归效果是否显著($\alpha = 0.05$);

(5) 求参数 β_0 的置信区间($\alpha = 0.05$);

(6) 求在 $x_0 = 58$ 处 y_0 的预测区间($\alpha = 0.05$).

4. 在一组试验中,记录了反应的时间(单位:h)与反应釜大小(单位:m^3)和反应温度(单位:℃)之间的关系,数据结果如下:

试验	时间 y/h	反应釜大小 x_1/m^3	温度 x_2/(℃)
1	6.40	1.32	1.15
2	15.05	2.69	3.40
3	18.75	3.56	4.10
4	30.25	4.41	8.75
5	44.85	5.35	14.82
6	48.94	6.20	15.15
7	51.55	7.12	15.32
8	61.50	8.87	18.18
9	100.44	9.80	35.19
10	111.42	10.65	40.40

以反应釜大小 x_{1i} 和温度 x_{2i} 为自变量,反应时间 y_i 为因变量,建立回归模型 $y_i = \beta_0 + \beta_1 x_{1i} + \beta_2 x_{2i} + \varepsilon_i$. 试求参数 $\beta_0, \beta_1, \beta_2$ 的最小二乘估计,建立经验回归方程.

第8章

统计质量管理

　　工业生产中,每一个生产过程的产品质量都会有或多或少的波动.无论生产过程控制得多么严苛,都无法避免这种波动,即产品的质量数据并不都是相等的,例如在精度很高时没有哪两个螺丝的长度是相等的.这种波动被称为随机波动,是生产过程内在固有的.还有另一种偶尔出现的波动,由某种特定因素造成,会导致产品质量出现问题,这种波动被称为系统性波动.例如某汽车公司在 2013 年召回 4 496 辆汽车,原因是装配过程中发生误差,球头螺母可能脱落,会导致车辆转向失效.

　　约100年前在西方的企业生产中开始运用统计分析方法,目的是在生产中识别出系统性波动引起的误差,进而查找问题的来源,消除影响,保持生产过程稳定,这类方法应用广泛.1924 年美国贝尔试验室提出了控制图的概念.第二次世界大战时,各国对军工产品质量要求严苛,控制图得到大规模推广.二战以后,在日本的企业中统计质量管理也得到了迅猛的发展,这对日本经济的复兴起到了重要的作用.中国从 20 世纪 70 年代开始,吸取国外经验,结合本国具体情况,普及和应用统计质量管理,取得了较好的成效.由于现代企业对产品质量的要求越来越高,统计质量管理得到了快速的发展,这对于工业和经济的发展起到了重要的推动作用.

　　统计质量管理作为一种管理工具,首先观测产品的重要质量特征,然后基于统计规律来检测质量特征数据的变化,确定出异常问题,从而保证产品的质量不出现系统性偏差.若企业能够有效地应用统计质量管理,必将提高产品的质量,提高企业声誉,增加利润.

8.1　统计质量控制简介

　　统计质量控制中最主要的统计方法是控制图,而控制图是用来监测一个产品的生产过程是否符合质量规范的统计分析方法.任何一个生产过程都有着自然的波动,即波动来源是一些微弱因素的综合,即所谓随机性波动,产生随机性误差.伴随有随机性误差的生产过程称为是统计可控的.另外,一个生产过程的质量特征数据也可能会出现更严重的系统性波动,这些波动可能来自一些特定的非随机的生产原因,例如操作错误或机器故障,产生所谓系统性误差,这种状态也称为生产过程失控.一个正常的生产过程应该是统计可控的,生产的产品是质量稳定达标的.因此在生产过程中,应实时监测以及时发现偶然的甚至是渐变的系统性波动,发现质量变异,进而解决问题.

　　造成生产过程系统性波动的原因很多,一般包含原材料、机器、操作方法、操作者、检测方法和操作环境等因素.这些因素的技术性规范和管理办法,如原材料规格、进货检验标准、机器性能、操作规章、检测标准等,通常都会在生产过程中有明确的要求.如果生产过程出现了问题,就能够有针对性地分析出问题来源,并得到恰当的修正,恢复正常生产.

　　一个理想的控制图就是要能够准确快速检测出变异,判断一个生产过程的非随机的不可控的状态,从而修正问题.显然,如果检测不准确或速度慢,那么就会生产出次品,导致浪费,增加成本.一个典型的控制图如图 8-1 所示,其中横轴代表样本分组,纵轴代表产品质量特征值,中间的实线为中心线(CL),上、下的虚线分别称为控制上限(UCL)和控制下限(LCL),每个点代表一个观测值,通过所有点的位置和规律来做出判断.

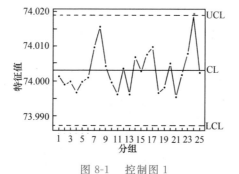

图 8-1　控制图 1

统计质量控制中,关注产品质量特征数据,并随着生产过程的时间安排来记录质量数据.例如,袋装食品的净重、轴承的圆周等可以作为特征,需要被记录.当生产过程是可控时,控制图中的中心线表示特征的平均值,图中的点表示随时间抽取的每组样本的均值,所有的点应该在控制上限和控制下限之内;如果生产过程失控,点会落在控制上限和控制下限之外或者呈现出某种不应有的规律.也就是说,随时间画的点的模式决定了生产过程是否是可控的.当有个点落在控制限之外时,这就说明过程失控了,建议查找原因.另一方面,点的模式如果是非随机的,这也提示应该调查生产情况,查找原因并修正,以保证生产过程恢复正常.

8.2　控制图的绘制

产品的质量特征数据依据其取值不同,可以分为记值型、计数型和计件型,对应的控制图也有所区别.

1. 记值型数据的均值控制图

对于记值型数据,当生产过程可控时,假定生产的产品质量特征测量值是相互独立且服从均值为 μ、方差为 σ^2 的正态分布.若出现问题,生产过程可能失控,开始生产出次品,产品的质量特征分布发生变化.当问题出现时,力图识别出问题,停止生产,查找问题来源并修正.下面由正态分布的 3σ 原则作为绘制控制图的原理,导出均值控制图.

令 $X_1, X_2, \cdots$ 表示连续生产的产品的质量特征.为了发现何时生产过程失控,将数据分组,每组固定长度 n.组内数据长度 n 要使得每组等长,可以选择同一天的所有产品,或者同一班组、同一台机器. n 的取值不宜过大,通常令 $n=5$.

令

$$\overline{X}_1 = \frac{X_1 + X_2 + \cdots + X_n}{n}, \quad \overline{X}_2 = \frac{X_{n+1} + X_{n+2} + \cdots + X_{2n}}{n}, \cdots.$$

当过程可控时,每个 X_i 服从均值为 μ、方差为 σ^2 的正态分布 $N(\mu, \sigma^2)$,于是

$$E(\overline{X}_i) = \mu, \quad \mathrm{Var}(\overline{X}_i) = \frac{\sigma^2}{n},$$

故

$$\frac{\overline{X}_i - \mu}{\sqrt{\dfrac{\sigma^2}{n}}} \sim N(0,1).$$

根据正态分布的 3σ 原则,事件 $\left\{\mu - \dfrac{3\sigma}{\sqrt{n}} < \overline{X}_i < \mu + \dfrac{3\sigma}{\sqrt{n}}\right\}$ 发生的概率为 99.73%. 这就是说,如果生产过程是正常进行的,不存在系统性原因的影响,那么产品质量的每组均值超出 $\left(\mu - \dfrac{3\sigma}{\sqrt{n}}, \mu + \dfrac{3\sigma}{\sqrt{n}}\right)$ 范围的可能性为 0.27%,这是一个小概率事件. 由假设检验部分所介绍的小概率事件原理知,由于小概率事件发生的可能性较小,通常在几次试验中是不可能出现的,因此如果小概率事件一旦出现了,就有理由认为生产过程出现了问题,有系统性原因导致系统性误差. 据此,可以确定出控制图的管理界线,其中,平均质量 μ 为中心线(CL); $\mu + \dfrac{3\sigma}{\sqrt{n}}$ 为控制上限(UCL); $\mu - \dfrac{3\sigma}{\sqrt{n}}$ 为控制下限(LCL).

均值控制图首先要确定中心线和控制上、下限,并依次画出点 $\overline{X}_i$. 这样得到的控制图,是用来检测产品平均质量是否出现了问题或者生产过程是否失控的一种工具. 若所有点全部落在控制上、下限内,而且点的排列没有什么规律(如单侧、周期、靠近控制限、集中于中心线、趋势等),则判断过程处于统计可控状态;否则认为生产过程失控,须查明原因,加以处理,以恢复正常.

例 8.1　一家工厂生产螺丝,要求直径服从均值为 3 cm、标准差为 0.1 cm 的正态分布. 每组观测 4 个螺丝,连续采样,所得的样本均值见表 8-1. 试画出控制图并判断生产过程是否正常.

表 8-1　每组 4 个观测值的样本均值数据

样本分组	$\overline{X}_i$	样本分组	$\overline{X}_i$
1	3.01	6	3.02
2	2.97	7	3.10
3	3.12	8	3.14
4	2.99	9	3.09
5	3.03	10	3.20

解　如果生产过程是可控的,那么直径均值为 $\mu = 3$,标准差为 $\sigma = 0.1$,于是

$$\mathrm{CL} = \mu = 3,$$

$$UCL = \mu + \frac{3\sigma}{\sqrt{n}} = 3 + \frac{3 \times 0.1}{\sqrt{4}} = 3.15,$$

$$LCL = \mu - \frac{3\sigma}{\sqrt{n}} = 3 - \frac{3 \times 0.1}{\sqrt{4}} = 2.85.$$

据此绘图(图 8-2),并依次描点.因为第 10 个样本均值在控制上限的上方,很明显有理由怀疑螺丝的直径均值显著偏离 3 cm.

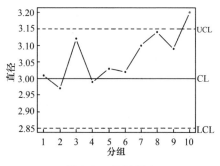

图 8-2　控制图 2

注意到这里假设在生产过程可控时,质量特征数据的总体分布约定是正态分布.这一条件可以放宽,因为由中心极限定理,样本均值是近似服从正态分布的.在实践中,控制图的每个点是由随机抽取的样本来计算的,因此每组的观测值最好是短时间内产生的.需要指出的是,即使生产过程是可控的,也有 0.27% 的概率存在点落在控制上、下限之外的情况发生.因此有可能即使停止了生产,也很难找到系统性误差的原因.

2. 均值和标准差未知的控制图

如果生产过程没有可信的历史数据,那么均值 μ 和标准差 σ 都要假设是未知的,需要估计.选取 m 组样本,通常要求 $m > 20, mn > 100$.利用这 m 组样本均值的均值即 $\overline{\overline{X}} = \dfrac{\overline{X}_1 + \overline{X}_2 + \cdots + \overline{X}_m}{m}$ 来估计均值 μ,可以证明 $\overline{\overline{X}}$ 为 μ 的无偏估计.另一方面,令 $S_i = \sqrt{\dfrac{1}{n-1}\sum_{j=1}^{n}(X_{ij} - \overline{X}_i)^2}$ 为每组的样本标准差,取这 m 组样本标准差的均值即 $\overline{S} = \dfrac{1}{m}(S_1 + S_2 + \cdots + S_m)$ 来估计标准差 σ.可以证明 $\overline{S}$ 并不是 σ 的无偏估计,但却是渐近无偏估计,即 $E(\overline{S}) = c(n)\sigma$,其中 $c(n) =$

$\dfrac{\sqrt{2}\,\Gamma(n/2)}{\sqrt{n-1}\,\Gamma((n-1)/2)}$，其部分数值如下，证明省略.

$$c(2)=0.797\,9,\quad c(3)=0.886\,2,\quad c(4)=0.921\,3,$$
$$c(5)=0.940\,0,\quad c(6)=0.951\,5,\quad c(7)=0.959\,4,$$
$$c(8)=0.965\,0,\quad c(9)=0.969\,3,\quad c(10)=0.972\,6.$$

据此，可以确定出控制图的管理界线的估计形式，其中，平均质量 $\overline{\overline{X}}$ 为中心线 (CL)；$\overline{\overline{X}}+\dfrac{3\overline{S}}{\sqrt{n}\,c(n)}$ 为控制上限(UCL)；$\overline{\overline{X}}-\dfrac{3\overline{S}}{\sqrt{n}\,c(n)}$ 为控制下限(LCL). 由此可以绘制均值控制图，将所有 $\overline{X}_i$ 在图中描点并用折线连接，通常会用红色标出落在控制上、下限外的点.

此处利用全部 mn 个观测值的样本平均值 $\overline{\overline{X}}$ 来估计均值 μ 是合理的，即分组平均值后再平均，这与前面所介绍的样本均值的概念相同. 而标准差 σ 的估计没有选用全部 mn 个观测值的样本标准差来估计，而是选择 $\overline{S}$，一个原因在于生产过程可能对于 m 组并不都是可控的. 如果 m 组都是可控的，显然选用全部 mn 个观测值的样本标准差来估计是最优的，然而一旦某一个或几个组变异，那么这个估计就会变得很糟糕，这会导致控制图出现问题. 另一个原因是控制图是实时监测，$\overline{S}$ 的计算更方便.

例 8.2　重新考虑例 8.1 中的问题，假设均值 μ 与标准差 σ 未知. 所得的每组样本均值和样本标准差见表 8-2. 试画出控制图并判断生产过程是否正常. 已知 $c(4)=0.921\,3$.

表 8-2　每组 4 个观测值的样本均值和样本标准差

样本分组	$\overline{X}_i$	S_i	样本分组	$\overline{X}_i$	S_i
1	3.01	0.12	6	3.02	0.08
2	2.97	0.14	7	3.10	0.15
3	3.12	0.08	8	3.14	0.16
4	2.99	0.11	9	3.09	0.13
5	3.03	0.09	10	3.20	0.16

解　因为 $\overline{\overline{X}}=3.067,\overline{S}=0.122,c(4)=0.921\,3$，于是中心线为 CL $=\overline{\overline{X}}=3.067$，控制上、下限分别为

$$\text{UCL}=\overline{\overline{X}}+\frac{3\overline{S}}{\sqrt{n}\,c(n)}=3.067+\frac{3\times0.122}{\sqrt{4}\times0.921\,3}=3.266,$$

$$\text{LCL} = \overline{\overline{X}} - \frac{3\overline{S}}{\sqrt{n}\,c(n)} = 3.067 - \frac{3 \times 0.122}{\sqrt{4} \times 0.9213} = 2.868.$$

据此画图,并依次描点.如图 8-3 所示,显然所有的 $\overline{X}_i$ 都落入控制上、下限内,所以认为这个生产过程相对于 $\hat{\mu} = 3.067$ 和 $\hat{\sigma} = \overline{S}/c(4) = 0.1324$ 是可控的.

均值控制图可以判断产品质量特征的平均值是否符合要求.类似图形还有检测产品质量特征的标准差是否符合要求的标准差控制图,以及极差控制图.此外,因为均值和标准差对于数据中存在异常点的情况都是敏感的,易受到严重干扰,因此也有很多其他稳健的控制图方法.这些方法此处不做深入介绍.

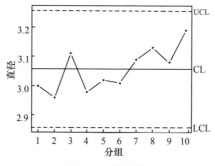

图 8-3   控制图 3

3. 次品率的控制图

前面所介绍的均值控制图适用于观测的产品质量特征数据为记值型的情况,若产品质量特征数据为分类数据(如良品和次品),选用的控制图会有所不同,下面介绍这种情况.

假设产品生产过程是可控的,每个产品为次品的概率为 p,且是否为次品相互独立.对观测数据分组,每组 n 个产品,令 X 表示每组的次品数.若假设生产过程可控,则 $X \sim B(n, p)$,且 $E(X) = np$,$\text{Var}(X) = np(1-p)$.据此,可以确定出 p 控制图的中心线和控制上、下限,其中,p 为中心线(CL),$p + 3\sqrt{\dfrac{p(1-p)}{n}}$ 为控制上限(UCL),$p - 3\sqrt{\dfrac{p(1-p)}{n}}$ 为控制下限(LCL).

p 控制图中每组的长度 n 常常远大于均值控制图中的 n,原因在于若 p 很小且 n 不太大,那么很多组的次品数 X 可能都是 0.

实践中,若没有可信的历史数据,要假设 p 未知,为了绘制控制图,首先要估计 p.为此,选定 $m(m > 20)$ 组,令 $\hat{p}_i$ 表示第 i 组的次品率 $(i = 1, 2, \cdots, m)$,即 $\hat{p}_i = \dfrac{X_i}{n}$,

则 $E(\hat{p}_i) = p$, $\sqrt{\mathrm{Var}(\hat{p}_i)} = \sqrt{\dfrac{p(1-p)}{n}}$. 于是定义 p 的估计为

$$\bar{p} = \frac{\hat{p}_1 + \hat{p}_2 + \cdots + \hat{p}_m}{m},$$

即

$$\bar{p} = \frac{n\hat{p}_1 + n\hat{p}_2 + \cdots + n\hat{p}_m}{mn} = \frac{1}{mn}\sum_{i=1}^{m}X_i,$$

可以认为 $\bar{p}$ 表示的是所有样本中的次品率. 于是估计形式的中心线和控制上、下限: 平均次品率 $\bar{p}$ 为中心线 (CL), $\bar{p} + 3\sqrt{\dfrac{\bar{p}(1-\bar{p})}{n}}$ 为控制上限 (UCL), $\bar{p} -$ $3\sqrt{\dfrac{\bar{p}(1-\bar{p})}{n}}$ 为控制下限 (LCL). 若 $\bar{p} - 3\sqrt{\dfrac{\bar{p}(1-\bar{p})}{n}} < 0$, 则定义 0 为控制下限. 由此可以绘制出次品率的 p 控制图, 将所有 $\hat{p}_i$ 描点, 并用折线连接, 落在控制上、下限外的点用红色标出.

现在要判断生产过程是否可控, 即通过检查所有的 $\hat{p}_i$ 是否落在控制上、下限之间, 或者是否具有某种非随机的规律. 如果落在外面或存在规律就说明生产过程出现了问题, 需要查找原因并修正.

例 8.3　对于一台自动车床生产的螺丝每小时抽取 50 个作为一组, 检测每个螺丝是否为合格品, 连续抽样. 所得的 20 组不合格品数及不合格品率见表 8-3. 试画出控制图并判断生产过程是否正常.

表 8-3　　　　每组 50 个螺丝观测值的不合格品数及不合格品率

样本组	不合格品数	不合格品率	样本组	不合格品数	不合格品率
1	6	0.12	11	1	0.02
2	5	0.10	12	3	0.06
3	3	0.06	13	2	0.04
4	0	0.00	14	0	0.00
5	1	0.02	15	1	0.02
6	2	0.04	16	1	0.02
7	1	0.02	17	0	0.00
8	0	0.00	18	2	0.04
9	2	0.04	19	1	0.02
10	1	0.02	20	2	0.04

解　首先计算 $\bar{\hat{p}}$.

$$\bar{\hat{p}} = \frac{n\hat{p}_1 + n\hat{p}_2 + \cdots + n\hat{p}_m}{mn} = \frac{6 + 5 + \cdots + 2}{20 \times 50} = \frac{34}{1\,000} = 0.034,$$

于是控制上、下限分别为

$$\mathrm{UCL} = \bar{\hat{p}} + 3\sqrt{\frac{\bar{\hat{p}}(1 - \bar{\hat{p}})}{n}} = 0.034 + 3\sqrt{\frac{0.034 \times (1 - 0.034)}{50}}$$
$$= 0.110\ 9,$$

$$\mathrm{LCL} = \bar{\hat{p}} - 3\sqrt{\frac{\bar{\hat{p}}(1 - \bar{\hat{p}})}{n}} = 0.034 - 3\sqrt{\frac{0.034 \times (1 - 0.034)}{50}}$$
$$= -0.042\ 9.$$

此处 LCL < 0，而次品率 p 是不可能小于 0 的，因此取 LCL = 0. 据此绘图并描点. 如图 8-4 所示，第一个点落在控制上限上方，因此有理由认为生产过程出现了问题.

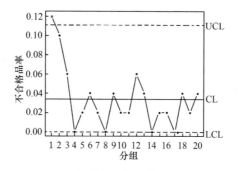

图 8-4　控制图 4

需要说明的是，控制图只负责找出可能存在的质量变异，至于质量是变好还是变坏，这并不能确定. 因此所谓的生产过程失控，也可能是次品率减少了，质量变好了. 如果控制图的图像说明次品率降低了，那么也有必要找到使次品率降低的原因.

4. 瑕点数的控制图

现在关注一个产品上的瑕点个数的控制图的绘制方法和原理. 瑕点即指有缺陷的情况，例如机翼上不合格的铆钉、某公司一天生产的不合格芯片、显示器上的坏点等. 因为瑕点的数量可能会很大，而每个瑕点发生的可能性很小，因此常常假设瑕点个数服从泊松分布. 于是当生产过程可控时，可以假设瑕点个数是服从参数为 λ 的泊松分布.

令 X_i 表示第 i 个单元的瑕点数，由于其服从泊松分布，故如果生产过程可控，

那么
$$E(X_i) = \lambda, \quad \mathrm{Var}(X_i) = \lambda.$$

因此在可控状态时,X_i 应该落在界限 $\lambda \pm 3\sqrt{\lambda}$ 之间的概率很大,于是得到总体的中心线和控制上、下限,其中,λ 为中心线(CL),$\lambda + 3\sqrt{\lambda}$ 为控制上限(UCL),$\lambda - 3\sqrt{\lambda}$ 为控制下限(LCL).

在实践中,因为 λ 是未知的,为了估计 λ,选取 m 个组,定义
$$\overline{X} = \frac{X_1 + X_2 + \cdots + X_m}{m}.$$

于是得到估计形式的中心线和控制上、下限,其中,平均瑕点数 $\overline{X}$ 为中心线(CL),$\overline{X} + 3\sqrt{\overline{X}}$ 为控制上限(UCL),$\overline{X} - 3\sqrt{\overline{X}}$ 为控制下限(LCL). 若 $\overline{X} - 3\sqrt{\overline{X}} < 0$,则取控制下限为 0,据此绘图并描点.如果所有的 X_i 都落在控制上、下限之间,那么说明生产过程是可控的.

例 8.4　对某车厂 10 辆车一组进行质量检查,记录问题数,这个过程持续进行,所得数据见表 8-4.试画出控制图并判断生产过程是否正常.

表 8-4　　　　　　　　　　每组 10 辆车的问题数

样本组	问题数	样本组	问题数	样本组	问题数	样本组	问题数
1	141	6	74	11	63	16	68
2	162	7	85	12	74	17	95
3	150	8	95	13	103	18	81
4	111	9	76	14	81	19	102
5	92	10	68	15	94	20	73

解　首先计算 $\overline{X}$.
$$\overline{X} = \frac{141 + 162 + \cdots + 73}{20} = 94.4.$$

于是控制上、下限分别为
$$\mathrm{UCL} = \overline{X} + 3\sqrt{\overline{X}} = 94.4 + 3\sqrt{94.4} = 123.55,$$
$$\mathrm{LCL} = \overline{X} - 3\sqrt{\overline{X}} = 94.4 - 3\sqrt{94.4} = 65.25.$$

据此绘图并描点.如图 8-5 所示,因为前三个点比 UCL 大,有理由认为生产过程不正常.

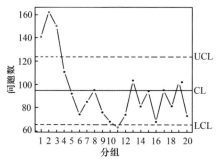

图 8-5　控制图 5

8.3　控制图的判断

控制图可以实时监测产品的质量,是生产过程管理的有效统计工具,其图形中包含中心线和控制上、下限.中心线反映产品质量特征数据的分布中心趋势,而控制上、下限是识别系统性波动造成的误差的界限.这三条线作为基准,然后由分组指标描点的控制图来判断生产过程是否异常.如何从控制图来做出正确的检测,需要掌握观测分析的方法.

控制图是按正态分布 3σ 原则设计的,因此控制图中点的散布情况应大致服从正态分布,由此可以总结出判断生产过程可控与否的依据.落在控制上、下限外的概率为 0.27%,这就是说当生产过程处于可控状态时,仍有 0.27% 的极小可能使测量数据的点落在控制界限以外.由于概率值 0.27% 取得比较小,当过程稍有变化时,测量数据的相应点也可能不会越出控制界限.于是,判断生产过程是否处于稳定的可控状态,须满足:

(1) 大多数点散布在中心线附近;

(2) 中心线上、下的点数大致相当;

(3) 少数点接近控制上、下限;

(4) 没有落在控制上、下限外的点;

(5) 控制上、下限内的点的排列没有明显的非随机规律,如连续位于某一区域、周期性、向上或向下的趋势.

控制图中的点如呈现出下列情形,就不能判断生产过程为可控状态:

(1) 有至少一个点落在控制上、下限外.这是最基本的判断依据.

（2）多数点处于中心线的一侧.一系列点连续出现在中心线一侧时,这种现象称为"链".链的长度用链内所含点的数量来衡量.出现 6～8 点链时,应注意过程的变化;出现 9 点链时,判断过程为异常,需采取措施(图 8-6).

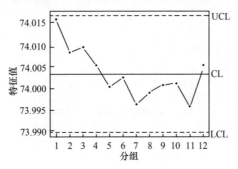

图 8-6 异常过程示意图

（3）上升(或下降)趋势.连续 6 个点上升(或下降) 时,应判断过程异常(图 8-7).

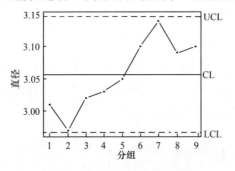

图 8-7 上升、下降趋势示意图

（4）点出现在控制界限附近.在中心线与控制线间作三等分线,若在最外侧的 1/3 带形区域内存在连续 3 点中有 2 点处于此带内,即可判定过程异常(图 8-8).

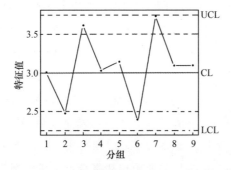

图 8-8 点出现在控制界限附近示意图

（5）点的排列显示周期趋势.当点的排列显示周期性时,如图 8-9 所示,有必要调查是否存在异常原因.

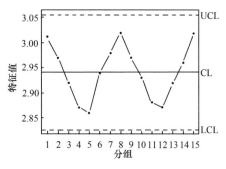

图 8-9   周期趋势示意图

(6) 连续 15 个点都靠近中心线,或者连续 8 个点都不靠近中心线,即可判断生产过程异常.

上面六条判断依据都是源于其对应的概率很小而被选为判断依据的,即所谓小概率事件原理. 生产过程失控的原因很多,有些甚至很难识别,大致应按照如下方向追查:原材料的质量问题,设备出现故障,操作者操作失误,温度等生产操作环境发生变化,测量方法或计算方法出错.

统计学家小传

沃特·休哈特(Walter Shewhart,1891—1967),1891 年 3 月 18 日生于美国伊利诺伊州新坎顿,1967 年 3 月 11 日逝世.1917 年博士毕业于加利福尼大学伯克利分校,1918 年担任西部电气公司工程师,1925 年担任贝尔电话实验室工程师.现代质量管理的奠基者,美国工程师、统计学家、管理咨询顾问,被人们尊称为"统计质量控制之父".

休哈特 1931 年出版《产品生产的质量经济控制》,被公认为质量控制基本原理的起源.休哈特宣称"变异"存在于生产过程的每个方面,可以使用统计工具如抽样和概率分析来了解变异,1924 年提出使用"控制图"来分析变异.他认为质量的控制重点应放在制造阶段,从而将质量管理从事后把关提前到事前控制.

习 题

1. 某家工厂生产发动机,要求其直径(单位:m)服从正态分布. 现连续采样 20 组,每组 3 个发动机,所得数据见下表. 试画出均值控制图并判断生产过程是否正常. 已知 $c(3) = 0.886\,2$.

样本组	发动机直径 /m			样本组	发动机直径 /m		
	1	2	3		1	2	3
1	2.000 0	1.999 8	2.000 2	11	2.000 2	1.999 9	2.000 1
2	1.999 8	2.000 3	2.000 2	12	2.000 2	1.999 8	2.000 5
3	1.999 8	2.000 1	2.000 5	13	2.000 0	2.000 1	1.999 8
4	1.999 7	2.000 0	2.000 4	14	2.000 0	2.000 2	2.000 4
5	2.000 3	2.000 3	2.000 2	15	1.999 4	2.000 1	1.999 6
6	2.000 4	2.000 3	2.000 0	16	1.999 9	2.000 3	1.999 3
7	1.999 8	1.999 8	1.999 8	17	2.000 0	1.999 8	2.000 4
8	2.000 0	2.000 1	2.000 1	18	2.000 0	2.000 1	2.000 1
9	2.000 5	2.000 0	1.999 9	19	1.999 7	1.999 4	1.999 8
10	1.999 5	1.999 8	2.000 1	20	2.000 3	2.000 7	1.999 9

2. 某家饮料工厂生产瓶装饮料,要求每瓶的容量(单位:ml)服从正态分布. 为考察某条灌装线是否符合标准,现连续采样 25 组,每组 4 个观测值,所得数据见下表. 试画出均值控制图并判断这条灌装线是否工作正常. 已知 $c(4) = 0.9213$.

样本组	瓶装饮料容量 /ml				样本组	瓶装饮料容量 /ml			
	1	2	3	4		1	2	3	4
1	15.85	16.02	15.83	15.93	8	15.82	15.94	16.02	15.94
2	16.12	16.00	15.85	16.01	9	16.04	15.98	15.83	15.98
3	16.00	15.91	15.94	15.83	10	15.64	15.86	15.94	15.89
4	16.20	15.85	15.74	15.93	11	16.11	16.00	16.01	15.82
5	15.74	15.86	16.21	16.10	12	15.72	15.85	16.12	16.15
6	15.94	16.01	16.14	16.03	13	15.85	15.76	15.74	15.98
7	15.75	16.21	16.01	15.86	14	15.73	15.84	15.96	16.10
15	16.20	16.01	16.10	15.89	21	16.11	16.02	16.00	15.88
16	16.12	16.08	15.83	15.94	22	15.98	15.82	15.89	15.89
17	16.01	15.93	15.81	15.68	23	16.05	15.73	15.73	15.93
18	15.78	16.04	16.11	16.12	24	16.01	16.01	15.89	15.86
19	15.84	15.92	16.05	16.12	25	16.08	15.78	15.92	15.98
20	15.92	16.09	16.12	15.93					

3. 某轮胎企业的质检部门检测轮胎的质量,所得的 20 组不合格品数及不合格品率见下表.试画出控制图并判断生产过程是否正常.

样本组	不合格品数	不合格品率	样本组	不合格品数	不合格品率
1	3	0.15	5	1	0.05
2	2	0.10	6	3	0.15
3	1	0.05	7	3	0.15
4	2	0.10	8	2	0.10
9	1	0.05	15	1	0.05
10	2	0.10	16	2	0.10
11	3	0.15	17	4	0.20
12	2	0.10	18	3	0.15
13	2	0.10	19	1	0.05
14	1	0.05	20	1	0.05

4. 一家大型酒店利用控制图来检测每周顾客投诉的数据,过去 20 周的投诉数据见下表.试画出控制图并判断投诉量是否正常.

周	投诉量	周	投诉量	周	投诉量	周	投诉量
1	3	6	3	11	3	16	1
2	2	7	2	12	4	17	3
3	3	8	1	13	2	18	2
4	1	9	3	14	1	19	2
5	3	10	1	15	1	20	3

参考文献

［1］ 陈家鼎. 数理统计学讲义.2 版［M］. 北京：高等教育出版社，2006.

［2］ 魏宗舒,等. 概率论与数理统计教程.2 版［M］. 北京：高等教育出版社，2008.

［3］ Hogg R V，McKean J,Craig A T. Introduction to Mathematical Statistics. 7th Edition. Pearson，2013.

［4］ Rice J A. Mathematical Statistics and Data Analysis. 3rd edition. Duxbury，2007.

［5］ 铁健司.质量管理统计方法［M］. 韩福荣,等,译. 北京:机械工业出版社,2006.

附　录

附录 1　标准正态分布表

$$\Phi(x) = \int_{-\infty}^{x} \frac{1}{\sqrt{2\pi}} e^{-\frac{x^2}{2}} \mathrm{d}x$$

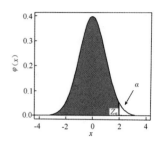

x	0.00	0.01	0.02	0.03	0.04	0.05	0.06	0.07	0.08	0.09
0.00	0.500000	0.503989	0.507978	0.511966	0.515953	0.519939	0.523922	0.527903	0.531881	0.535856
0.10	0.539828	0.543795	0.547758	0.551717	0.555670	0.559618	0.563559	0.567495	0.571424	0.575345
0.20	0.579260	0.583166	0.587064	0.590954	0.594835	0.598706	0.602568	0.606420	0.610261	0.614092
0.30	0.617911	0.621720	0.625516	0.629300	0.633072	0.636831	0.640576	0.644309	0.648027	0.651732
0.40	0.655422	0.659097	0.662757	0.666402	0.670031	0.673645	0.677242	0.680822	0.684386	0.687933
0.50	0.691462	0.694974	0.698468	0.701944	0.705401	0.708840	0.712260	0.715661	0.719043	0.722405
0.60	0.725747	0.729069	0.732371	0.735653	0.738914	0.742154	0.745373	0.748571	0.751748	0.754903
0.70	0.758036	0.761148	0.764238	0.767305	0.770350	0.773373	0.776373	0.779350	0.782305	0.785236
0.80	0.788145	0.791030	0.793892	0.796731	0.799546	0.802337	0.805105	0.807850	0.810570	0.813267
0.90	0.815940	0.818589	0.821214	0.823814	0.826391	0.828944	0.831472	0.833977	0.836457	0.838913
1.00	0.841345	0.843752	0.846136	0.848495	0.850830	0.853141	0.855428	0.857690	0.859929	0.862143
1.10	0.864334	0.866500	0.868643	0.870762	0.872857	0.874928	0.876976	0.879000	0.881000	0.882977
1.20	0.884930	0.886861	0.888768	0.890651	0.892512	0.894350	0.896165	0.897958	0.899727	0.901475
1.30	0.903200	0.904902	0.906582	0.908241	0.909877	0.911492	0.913085	0.914657	0.916207	0.917736
1.40	0.919243	0.920730	0.922196	0.923641	0.925066	0.926471	0.927855	0.929219	0.930563	0.931888
1.50	0.933193	0.934478	0.935745	0.936992	0.938220	0.939429	0.940620	0.941792	0.942947	0.944083
1.60	0.945201	0.946301	0.947384	0.948449	0.949497	0.950529	0.951543	0.952540	0.953521	0.954486
1.70	0.955435	0.956367	0.957284	0.958185	0.959070	0.959941	0.960796	0.961636	0.962462	0.963273
1.80	0.964070	0.964852	0.965620	0.966375	0.967116	0.967843	0.968557	0.969258	0.969946	0.970621
1.90	0.971283	0.971933	0.972571	0.973197	0.973810	0.974412	0.975002	0.975581	0.976148	0.976705
2.00	0.977250	0.977784	0.978308	0.978822	0.979325	0.979818	0.980301	0.980774	0.981237	0.981691

（续表）

x	0.00	0.01	0.02	0.03	0.04	0.05	0.06	0.07	0.08	0.09
2.10	0.982136	0.982571	0.982997	0.983414	0.983823	0.984222	0.984614	0.984997	0.985371	0.985738
2.20	0.986097	0.986447	0.986791	0.987126	0.987455	0.987776	0.988089	0.988396	0.988696	0.988989
2.30	0.989276	0.989556	0.989830	0.990097	0.990358	0.990613	0.990863	0.991106	0.991344	0.991576
2.40	0.991802	0.992024	0.992240	0.992451	0.992656	0.992857	0.993053	0.993244	0.993431	0.993613
2.50	0.993790	0.993963	0.994132	0.994297	0.994457	0.994614	0.994766	0.994915	0.995060	0.995201
2.60	0.995339	0.995473	0.995604	0.995731	0.995855	0.995975	0.996093	0.996207	0.996319	0.996427
2.70	0.996533	0.996636	0.996736	0.996833	0.996928	0.997020	0.997110	0.997197	0.997282	0.997365
2.80	0.997445	0.997523	0.997599	0.997673	0.997744	0.997814	0.997882	0.997948	0.998012	0.998074
2.90	0.998134	0.998193	0.998250	0.998305	0.998359	0.998411	0.998462	0.998511	0.998559	0.998605
3.00	0.998650	0.998694	0.998736	0.998777	0.998817	0.998856	0.998893	0.998930	0.998965	0.998999
3.10	0.999032	0.999065	0.999096	0.999126	0.999155	0.999184	0.999211	0.999238	0.999264	0.999289
3.20	0.999313	0.999336	0.999359	0.999381	0.999402	0.999423	0.999443	0.999462	0.999481	0.999499
3.30	0.999517	0.999534	0.999550	0.999566	0.999581	0.999596	0.999610	0.999624	0.999638	0.999651
3.40	0.999663	0.999675	0.999687	0.999698	0.999709	0.999720	0.999730	0.999740	0.999749	0.999758
3.50	0.999767	0.999776	0.999784	0.999792	0.999800	0.999807	0.999815	0.999822	0.999828	0.999835
3.60	0.999841	0.999847	0.999853	0.999858	0.999864	0.999869	0.999874	0.999879	0.999883	0.999888
3.70	0.999892	0.999896	0.999900	0.999904	0.999908	0.999912	0.999915	0.999918	0.999922	0.999925
3.80	0.999928	0.999931	0.999933	0.999936	0.999938	0.999941	0.999943	0.999946	0.999948	0.999950
3.90	0.999952	0.999954	0.999956	0.999958	0.999959	0.999961	0.999963	0.999964	0.999966	0.999967
4.00	0.999968	0.999970	0.999971	0.999972	0.999973	0.999974	0.999975	0.999976	0.999977	0.999978

附录 2   t 分布表

$$P\{t(n) > t_\alpha(n)\} = \alpha$$

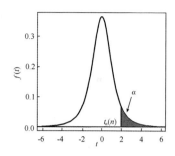

自由度 n	$\alpha=0.10$	0.05	0.025	0.01	0.005	自由度 n	$\alpha=0.10$	0.05	0.025	0.01	0.005
1	3.0777	6.3138	12.7062	31.8205	63.6567	21	1.3232	1.7207	2.0796	2.5176	2.8314
2	1.8856	2.9200	4.3027	6.9646	9.9248	22	1.3212	1.7171	2.0739	2.5083	2.8188
3	1.6377	2.3534	3.1824	4.5407	5.8409	23	1.3195	1.7139	2.0687	2.4999	2.8073
4	1.5332	2.1318	2.7764	3.7469	4.6041	24	1.3178	1.7109	2.0639	2.4922	2.7969
5	1.4759	2.0150	2.5706	3.3649	4.0321	25	1.3163	1.7081	2.0595	2.4851	2.7874
6	1.4398	1.9432	2.4469	3.1427	3.7074	26	1.3150	1.7056	2.0555	2.4786	2.7787
7	1.4149	1.8946	2.3646	2.9980	3.4995	27	1.3137	1.7033	2.0518	2.4727	2.7707
8	1.3968	1.8595	2.3060	2.8965	3.3554	28	1.3125	1.7011	2.0484	2.4671	2.7633
9	1.3830	1.8331	2.2622	2.8214	3.2498	29	1.3114	1.6991	2.0452	2.4620	2.7564
10	1.3722	1.8125	2.2281	2.7638	3.1693	30	1.3104	1.6973	2.0423	2.4573	2.7500
11	1.3634	1.7959	2.2010	2.7181	3.1058	31	1.3095	1.6955	2.0395	2.4528	2.7440
12	1.3562	1.7823	2.1788	2.6810	3.0545	32	1.3086	1.6939	2.0369	2.4487	2.7385
13	1.3502	1.7709	2.1604	2.6503	3.0123	33	1.3077	1.6924	2.0345	2.4448	2.7333
14	1.3450	1.7613	2.1448	2.6245	2.9768	34	1.3070	1.6909	2.0322	2.4411	2.7284
15	1.3406	1.7531	2.1314	2.6025	2.9467	35	1.3062	1.6896	2.0301	2.4377	2.7238
16	1.3368	1.7459	2.1199	2.5835	2.9208	36	1.3055	1.6883	2.0281	2.4345	2.7195
17	1.3334	1.7396	2.1098	2.5669	2.8982	37	1.3049	1.6871	2.0262	2.4314	2.7154
18	1.3304	1.7341	2.1009	2.5524	2.8784	38	1.3042	1.6860	2.0244	2.4286	2.7116
19	1.3277	1.7291	2.0930	2.5395	2.8609	39	1.3036	1.6849	2.0227	2.4258	2.7079
20	1.3253	1.7247	2.0860	2.5280	2.8453	40	1.3031	1.6839	2.0211	2.4233	2.7045

附录3　χ^2 分布表

$$P\{\chi^2(n) > \chi_\alpha^2(n)\} = \alpha$$

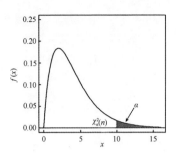

n	$\alpha = 0.995$	0.99	0.975	0.95	0.90	0.75	0.25	0.1	0.05	0.025	0.01	0.005
1	—	—	0.001	0.004	0.016	0.102	1.323	2.706	3.841	5.024	6.635	7.879
2	0.010	0.020	0.051	0.103	0.211	0.575	2.773	4.605	5.991	7.378	9.210	10.597
3	0.072	0.115	0.216	0.352	0.584	1.213	4.108	6.251	7.815	9.348	11.345	12.838
4	0.207	0.297	0.484	0.711	1.064	1.923	5.385	7.779	9.488	11.143	13.277	14.860
5	0.412	0.554	0.831	1.145	1.610	2.675	6.626	9.236	11.070	12.833	15.086	16.750
6	0.676	0.872	1.237	1.635	2.204	3.455	7.841	10.645	12.592	14.449	16.812	18.548
7	0.989	1.239	1.690	2.167	2.833	4.255	9.037	12.017	14.067	16.013	18.475	20.278
8	1.344	1.646	2.180	2.733	3.490	5.071	10.219	13.362	15.507	17.535	20.090	21.955
9	1.735	2.088	2.700	3.325	4.168	5.899	11.389	14.684	16.919	19.023	21.666	23.589
10	2.156	2.558	3.247	3.940	4.865	6.737	12.549	15.987	18.307	20.483	23.209	25.188
11	2.603	3.053	3.816	4.575	5.578	7.584	13.701	17.275	19.675	21.920	24.725	26.757
12	3.074	3.571	4.404	5.226	6.304	8.438	14.845	18.549	21.026	23.337	26.217	28.300
13	3.565	4.107	5.009	5.892	7.042	9.299	15.984	19.812	22.362	24.736	27.688	29.819
14	4.075	4.660	5.629	6.571	7.790	10.165	17.117	21.064	23.685	26.119	29.141	31.319
15	4.601	5.229	6.262	7.261	8.547	11.037	18.245	22.307	24.996	27.488	30.578	32.801
16	5.142	5.812	6.908	7.962	9.312	11.912	19.369	23.542	26.296	28.845	32.000	34.267
17	5.697	6.408	7.564	8.672	10.085	12.792	20.489	24.769	27.587	30.191	33.409	35.718
18	6.265	7.015	8.231	9.390	10.865	13.675	21.605	25.989	28.869	31.526	34.805	37.156
19	6.844	7.633	8.907	10.117	11.651	14.562	22.718	27.204	30.144	32.852	36.191	38.582
20	7.434	8.260	9.591	10.851	12.443	15.452	23.828	28.412	31.410	34.170	37.566	39.997
21	8.034	8.897	10.283	11.591	13.240	16.344	24.935	29.615	32.671	35.479	38.932	41.401
22	8.643	9.542	10.982	12.338	14.041	17.240	26.039	30.813	33.924	36.781	40.289	42.796
23	9.260	10.196	11.689	13.091	14.848	18.137	27.141	32.007	35.172	38.076	41.638	44.181
24	9.886	10.856	12.401	13.848	15.659	19.037	28.241	33.196	36.415	39.364	42.980	45.559
25	10.520	11.524	13.120	14.611	16.473	19.939	29.339	34.382	37.652	40.646	44.314	46.928
26	11.160	12.198	13.844	15.379	17.292	20.843	30.435	35.563	38.885	41.923	45.642	48.290
27	11.808	12.879	14.573	16.151	18.114	21.749	31.528	36.741	40.113	43.195	46.963	49.645
28	12.461	13.565	15.308	16.928	18.939	22.657	32.620	37.916	41.337	44.461	48.278	50.993
29	13.121	14.256	16.047	17.708	19.768	23.567	33.711	39.087	42.557	45.722	49.588	52.336

（续表）

n	$\alpha=0.995$	0.99	0.975	0.95	0.90	0.75	0.25	0.1	0.05	0.025	0.01	0.005
30	13.787	14.953	16.791	18.493	20.599	24.478	34.800	40.256	43.773	46.979	50.892	53.672
31	14.458	15.655	17.539	19.281	21.434	25.390	35.887	41.422	44.985	48.232	52.191	55.003
32	15.134	16.362	18.291	20.072	22.271	26.304	36.973	42.585	46.194	49.480	53.486	56.328
33	15.815	17.074	19.047	20.867	23.110	27.219	38.058	43.745	47.400	50.725	54.776	57.648
34	16.501	17.789	19.806	21.664	23.952	28.136	39.141	44.903	48.602	51.966	56.061	58.964
35	17.192	18.509	20.569	22.465	24.797	29.054	40.223	46.059	49.802	53.203	57.342	60.275
36	17.887	19.233	21.336	23.269	25.643	29.973	41.304	47.212	50.998	54.437	58.619	61.581
37	18.586	19.960	22.106	24.075	26.492	30.893	42.383	48.363	52.192	55.668	59.893	62.883
38	19.289	20.691	22.878	24.884	27.343	31.815	43.462	49.513	53.384	56.896	61.162	64.181
39	19.996	21.426	23.654	25.695	28.196	32.737	44.539	50.660	54.572	58.120	62.428	65.476
40	20.707	22.164	24.433	26.509	29.051	33.660	45.616	51.805	55.758	59.342	63.691	66.766
41	21.421	22.906	25.215	27.326	29.907	34.585	46.692	52.949	56.942	60.561	64.950	68.053
42	22.138	23.650	25.999	28.144	30.765	35.510	47.766	54.090	58.124	61.777	66.206	69.336
43	22.859	24.398	26.785	28.965	31.625	36.436	48.840	55.230	59.304	62.990	67.459	70.616
44	23.584	25.148	27.575	29.787	32.487	37.363	49.913	56.369	60.481	64.201	68.710	71.893

附录4　F 分布表

$$P\{F(n_1,n_2) > F_\alpha(n_1,n_2)\} = \alpha$$

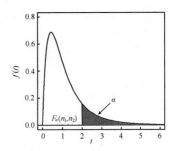

n_1 n_2	$(\alpha = 0.10)$																		
	1	2	3	4	5	6	7	8	9	10	12	15	20	24	30	40	60	120	∞
1	39.86	49.50	53.59	55.83	57.24	58.20	58.91	59.44	59.86	60.19	60.71	61.22	61.74	62.00	62.26	62.53	62.79	63.06	63.33
2	8.53	9.00	9.16	9.24	9.29	9.33	9.35	9.37	9.38	9.39	9.41	9.42	9.44	9.45	9.46	9.47	9.47	9.48	9.49
3	5.54	5.46	5.39	5.34	5.31	5.28	5.27	5.25	5.24	5.23	5.22	5.20	5.18	5.18	5.17	5.16	5.15	5.14	5.13
4	4.54	4.32	4.19	4.11	4.05	4.01	3.98	3.95	3.94	3.92	3.90	3.87	3.84	3.83	3.82	3.80	3.79	3.78	3.76
5	4.06	3.78	3.62	3.52	3.45	3.40	3.37	3.34	3.32	3.30	3.27	3.24	3.21	3.19	3.17	3.16	3.14	3.12	3.10
6	3.78	3.46	3.29	3.18	3.11	3.05	3.01	2.98	2.96	2.94	2.90	2.87	2.84	2.82	2.80	2.78	2.76	2.74	2.72
7	3.59	3.26	3.07	2.96	2.88	2.83	2.78	2.75	2.72	2.70	2.67	2.63	2.59	2.58	2.56	2.54	2.51	2.49	2.47
8	3.46	3.11	2.92	2.81	2.73	2.67	2.62	2.59	2.56	2.54	2.50	2.46	2.42	2.40	2.38	2.36	2.34	2.32	2.29
9	3.36	3.01	2.81	2.69	2.61	2.55	2.51	2.47	2.44	2.42	2.38	2.34	2.30	2.28	2.25	2.23	2.21	2.18	2.16
10	3.29	2.92	2.73	2.61	2.52	2.46	2.41	2.38	2.35	2.32	2.28	2.24	2.20	2.18	2.16	2.13	2.11	2.08	2.06
11	3.23	2.86	2.66	2.54	2.45	2.39	2.34	2.30	2.27	2.25	2.21	2.17	2.12	2.10	2.08	2.05	2.03	2.00	1.97
12	3.18	2.81	2.61	2.48	2.39	2.33	2.28	2.24	2.21	2.19	2.15	2.10	2.06	2.04	2.01	1.99	1.96	1.93	1.90
13	3.14	2.76	2.56	2.43	2.35	2.28	2.23	2.20	2.16	2.14	2.10	2.05	2.01	1.98	1.96	1.93	1.90	1.88	1.85
14	3.10	2.73	2.52	2.39	2.31	2.24	2.19	2.15	2.12	2.10	2.05	2.01	1.96	1.94	1.91	1.89	1.86	1.83	1.80
15	3.07	2.70	2.49	2.36	2.27	2.21	2.16	2.12	2.09	2.06	2.02	1.97	1.92	1.90	1.87	1.85	1.82	1.79	1.76
16	3.05	2.67	2.46	2.33	2.24	2.18	2.13	2.09	2.06	2.03	1.99	1.94	1.89	1.87	1.84	1.81	1.78	1.75	1.72
17	3.03	2.64	2.44	2.31	2.22	2.15	2.10	2.06	2.03	2.00	1.96	1.91	1.86	1.84	1.81	1.78	1.75	1.72	1.69
18	3.01	2.62	2.42	2.29	2.20	2.13	2.08	2.04	2.00	1.98	1.93	1.89	1.84	1.81	1.78	1.75	1.72	1.69	1.66
19	2.99	2.61	2.40	2.27	2.18	2.11	2.06	2.02	1.98	1.96	1.91	1.86	1.81	1.79	1.76	1.73	1.70	1.67	1.63
20	2.97	2.59	2.38	2.25	2.16	2.09	2.04	2.00	1.96	1.94	1.89	1.84	1.79	1.77	1.74	1.71	1.68	1.64	1.61
21	2.96	2.57	2.36	2.23	2.14	2.08	2.02	1.98	1.95	1.92	1.87	1.83	1.78	1.75	1.72	1.69	1.66	1.62	1.59
22	2.95	2.56	2.35	2.22	2.13	2.06	2.01	1.97	1.93	1.90	1.86	1.81	1.76	1.73	1.70	1.67	1.64	1.60	1.57
23	2.94	2.55	2.34	2.21	2.11	2.05	1.99	1.95	1.92	1.89	1.84	1.80	1.74	1.72	1.69	1.66	1.62	1.59	1.55
24	2.93	2.54	2.33	2.19	2.10	2.04	1.98	1.94	1.91	1.88	1.83	1.78	1.73	1.70	1.67	1.64	1.61	1.57	1.53
25	2.92	2.53	2.32	2.18	2.09	2.02	1.97	1.93	1.89	1.87	1.82	1.77	1.72	1.69	1.66	1.63	1.59	1.56	1.52
26	2.91	2.52	2.31	2.17	2.08	2.01	1.96	1.92	1.88	1.86	1.81	1.76	1.71	1.68	1.65	1.61	1.58	1.54	1.50
27	2.90	2.51	2.30	2.17	2.07	2.00	1.95	1.91	1.87	1.85	1.80	1.75	1.70	1.67	1.64	1.60	1.57	1.53	1.49
28	2.89	2.50	2.29	2.16	2.06	2.00	1.94	1.90	1.87	1.84	1.79	1.74	1.69	1.66	1.63	1.59	1.56	1.52	1.48
29	2.89	2.50	2.28	2.15	2.06	1.99	1.93	1.89	1.86	1.83	1.78	1.73	1.68	1.65	1.62	1.58	1.55	1.51	1.47
30	2.88	2.49	2.28	2.14	2.05	1.98	1.93	1.88	1.85	1.82	1.77	1.72	1.67	1.64	1.61	1.57	1.54	1.50	1.46
40	2.84	2.44	2.23	2.09	2.00	1.93	1.87	1.83	1.79	1.76	1.71	1.66	1.61	1.57	1.54	1.51	1.47	1.42	1.38
60	2.79	2.39	2.18	2.04	1.95	1.87	1.82	1.77	1.74	1.71	1.66	1.60	1.54	1.51	1.48	1.44	1.40	1.35	1.29
120	2.75	2.35	2.13	1.99	1.90	1.82	1.77	1.72	1.68	1.65	1.60	1.55	1.48	1.45	1.41	1.37	1.32	1.26	1.19
∞	2.71	2.30	2.08	1.94	1.85	1.77	1.72	1.67	1.63	1.60	1.55	1.49	1.42	1.38	1.34	1.30	1.24	1.17	1.00

（续表）

n_2 \ n_1	1	2	3	4	5	6	7	8	9	10	12	15	20	24	30	40	60	120	∞
1	161.45	199.50	215.71	224.58	230.16	233.99	236.77	238.88	240.54	241.88	243.91	245.95	248.01	249.05	250.10	251.14	252.20	253.25	254.31
2	18.51	19.00	19.16	19.25	19.30	19.33	19.35	19.37	19.38	19.40	19.41	19.43	19.45	19.45	19.46	19.47	19.48	19.49	19.50
3	10.13	9.55	9.28	9.12	9.01	8.94	8.89	8.85	8.81	8.79	8.74	8.70	8.66	8.64	8.62	8.59	8.57	8.55	8.53
4	7.71	6.94	6.59	6.39	6.26	6.16	6.09	6.04	6.00	5.96	5.91	5.86	5.80	5.77	5.75	5.72	5.69	5.66	5.63
5	6.61	5.79	5.41	5.19	5.05	4.95	4.88	4.82	4.77	4.74	4.68	4.62	4.56	4.53	4.50	4.46	4.43	4.40	4.36
6	5.99	5.14	4.76	4.53	4.39	4.28	4.21	4.15	4.10	4.06	4.00	3.94	3.87	3.84	3.81	3.77	3.74	3.70	3.67
7	5.59	4.74	4.35	4.12	3.97	3.87	3.79	3.73	3.68	3.64	3.57	3.51	3.44	3.41	3.38	3.34	3.30	3.27	3.23
8	5.32	4.46	4.07	3.84	3.69	3.58	3.50	3.44	3.39	3.35	3.28	3.22	3.15	3.12	3.08	3.04	3.01	2.97	2.93
9	5.12	4.26	3.86	3.63	3.48	3.37	3.29	3.23	3.18	3.14	3.07	3.01	2.94	2.90	2.86	2.83	2.79	2.75	2.71
10	4.96	4.10	3.71	3.48	3.33	3.22	3.14	3.07	3.02	2.98	2.91	2.85	2.77	2.74	2.70	2.66	2.62	2.58	2.54
11	4.84	3.98	3.59	3.36	3.20	3.09	3.01	2.95	2.90	2.85	2.79	2.72	2.65	2.61	2.57	2.53	2.49	2.45	2.40
12	4.75	3.89	3.49	3.26	3.11	3.00	2.91	2.85	2.80	2.75	2.69	2.62	2.54	2.51	2.47	2.43	2.38	2.34	2.30
13	4.67	3.81	3.41	3.18	3.03	2.92	2.83	2.77	2.71	2.67	2.60	2.53	2.46	2.42	2.38	2.34	2.30	2.25	2.21
14	4.60	3.74	3.34	3.11	2.96	2.85	2.76	2.70	2.65	2.60	2.53	2.46	2.39	2.35	2.31	2.27	2.22	2.18	2.13
15	4.54	3.68	3.29	3.06	2.90	2.79	2.71	2.64	2.59	2.54	2.48	2.40	2.33	2.29	2.25	2.20	2.16	2.11	2.07
16	4.49	3.63	3.24	3.01	2.85	2.74	2.66	2.59	2.54	2.49	2.42	2.35	2.28	2.24	2.19	2.15	2.11	2.06	2.01
17	4.45	3.59	3.20	2.96	2.81	2.70	2.61	2.55	2.49	2.45	2.38	2.31	2.23	2.19	2.15	2.10	2.06	2.01	1.96
18	4.41	3.55	3.16	2.93	2.77	2.66	2.58	2.51	2.46	2.41	2.34	2.27	2.19	2.15	2.11	2.06	2.02	1.97	1.92
19	4.38	3.52	3.13	2.90	2.74	2.63	2.54	2.48	2.42	2.38	2.31	2.23	2.16	2.11	2.07	2.03	1.98	1.93	1.88
20	4.35	3.49	3.10	2.87	2.71	2.60	2.51	2.45	2.39	2.35	2.28	2.20	2.12	2.08	2.04	1.99	1.95	1.90	1.84
21	4.32	3.47	3.07	2.84	2.68	2.57	2.49	2.42	2.37	2.32	2.25	2.18	2.10	2.05	2.01	1.96	1.92	1.87	1.81
22	4.30	3.44	3.05	2.82	2.66	2.55	2.46	2.40	2.34	2.30	2.23	2.15	2.07	2.03	1.98	1.94	1.89	1.84	1.78
23	4.28	3.42	3.03	2.80	2.64	2.53	2.44	2.37	2.32	2.27	2.20	2.13	2.05	2.01	1.96	1.91	1.86	1.81	1.76
24	4.26	3.40	3.01	2.78	2.62	2.51	2.42	2.36	2.30	2.25	2.18	2.11	2.03	1.98	1.94	1.89	1.84	1.79	1.73
25	4.24	3.39	2.99	2.76	2.60	2.49	2.40	2.34	2.28	2.24	2.16	2.09	2.01	1.96	1.92	1.87	1.82	1.77	1.71
26	4.23	3.37	2.98	2.74	2.59	2.47	2.39	2.32	2.27	2.22	2.15	2.07	1.99	1.95	1.90	1.85	1.80	1.75	1.69
27	4.21	3.35	2.96	2.73	2.57	2.46	2.37	2.31	2.25	2.20	2.13	2.06	1.97	1.93	1.88	1.84	1.79	1.73	1.67
28	4.20	3.34	2.95	2.71	2.56	2.45	2.36	2.29	2.24	2.19	2.12	2.04	1.96	1.91	1.87	1.82	1.77	1.71	1.65
29	4.18	3.33	2.93	2.70	2.55	2.43	2.35	2.28	2.22	2.18	2.10	2.03	1.94	1.90	1.85	1.81	1.75	1.70	1.64
30	4.17	3.32	2.92	2.69	2.53	2.42	2.33	2.27	2.21	2.16	2.09	2.01	1.93	1.89	1.84	1.79	1.74	1.68	1.62
40	4.08	3.23	2.84	2.61	2.45	2.34	2.25	2.18	2.12	2.08	2.00	1.92	1.84	1.79	1.74	1.69	1.64	1.58	1.51
60	4.00	3.15	2.76	2.53	2.37	2.25	2.17	2.10	2.04	1.99	1.92	1.84	1.75	1.70	1.65	1.59	1.53	1.47	1.39
120	3.92	3.07	2.68	2.45	2.29	2.18	2.09	2.02	1.96	1.91	1.83	1.75	1.66	1.61	1.55	1.50	1.43	1.35	1.25
∞	3.84	3.00	2.60	2.37	2.21	2.10	2.01	1.94	1.88	1.83	1.75	1.67	1.57	1.52	1.46	1.39	1.32	1.22	1.00

$(\alpha = 0.05)$

（续表）

n_1 \\ n_2	1	2	3	4	5	6	7	8	9	10	12	15	20	24	30	40	60	120	∞
1	647.79	799.50	864.16	899.58	921.85	937.11	948.22	956.66	963.28	968.63	976.71	984.87	993.10	997.25	1001.41	1005.60	1009.80	1014.02	1018.26
2	38.51	39.00	39.17	39.25	39.30	39.33	39.36	39.37	39.39	39.40	39.41	39.43	39.45	39.46	39.46	39.47	39.48	39.49	39.50
3	17.44	16.04	15.44	15.10	14.88	14.73	14.62	14.54	14.47	14.42	14.34	14.25	14.17	14.12	14.08	14.04	13.99	13.95	13.90
4	12.22	10.65	9.98	9.60	9.36	9.20	9.07	8.98	8.90	8.84	8.75	8.66	8.56	8.51	8.46	8.41	8.36	8.31	8.26
5	10.01	8.43	7.76	7.39	7.15	6.98	6.85	6.76	6.68	6.62	6.52	6.43	6.33	6.28	6.23	6.18	6.12	6.07	6.02
6	8.81	7.26	6.60	6.23	5.99	5.82	5.70	5.60	5.52	5.46	5.37	5.27	5.17	5.12	5.07	5.01	4.96	4.90	4.85
7	8.07	6.54	5.89	5.52	5.29	5.12	4.99	4.90	4.82	4.76	4.67	4.57	4.47	4.41	4.36	4.31	4.25	4.20	4.14
8	7.57	6.06	5.42	5.05	4.82	4.65	4.53	4.43	4.36	4.30	4.20	4.10	4.00	3.95	3.89	3.84	3.78	3.73	3.67
9	7.21	5.71	5.08	4.72	4.48	4.32	4.20	4.10	4.03	3.96	3.87	3.77	3.67	3.61	3.56	3.51	3.45	3.39	3.33
10	6.94	5.46	4.83	4.47	4.24	4.07	3.95	3.85	3.78	3.72	3.62	3.52	3.42	3.37	3.31	3.26	3.20	3.14	3.08
11	6.72	5.26	4.63	4.28	4.04	3.88	3.76	3.66	3.59	3.53	3.43	3.33	3.23	3.17	3.12	3.06	3.00	2.94	2.88
12	6.55	5.10	4.47	4.12	3.89	3.73	3.61	3.51	3.44	3.37	3.28	3.18	3.07	3.02	2.96	2.91	2.85	2.79	2.72
13	6.41	4.97	4.35	4.00	3.77	3.60	3.48	3.39	3.31	3.25	3.15	3.05	2.95	2.89	2.84	2.78	2.72	2.66	2.60
14	6.30	4.86	4.24	3.89	3.66	3.50	3.38	3.29	3.21	3.15	3.05	2.95	2.84	2.79	2.73	2.67	2.61	2.55	2.49
15	6.20	4.77	4.15	3.80	3.58	3.41	3.29	3.20	3.12	3.06	2.96	2.86	2.76	2.70	2.64	2.59	2.52	2.46	2.40
16	6.12	4.69	4.08	3.73	3.50	3.34	3.22	3.12	3.05	2.99	2.89	2.79	2.68	2.63	2.57	2.51	2.45	2.38	2.32
17	6.04	4.62	4.01	3.66	3.44	3.28	3.16	3.06	2.98	2.92	2.82	2.72	2.62	2.56	2.50	2.44	2.38	2.32	2.25
18	5.98	4.56	3.95	3.61	3.38	3.22	3.10	3.01	2.93	2.87	2.77	2.67	2.56	2.50	2.44	2.38	2.32	2.26	2.19
19	5.92	4.51	3.90	3.56	3.33	3.17	3.05	2.96	2.88	2.82	2.72	2.62	2.51	2.45	2.39	2.33	2.27	2.20	2.13
20	5.87	4.46	3.86	3.51	3.29	3.13	3.01	2.91	2.84	2.77	2.68	2.57	2.46	2.41	2.35	2.29	2.22	2.16	2.09
21	5.83	4.42	3.82	3.48	3.25	3.09	2.97	2.87	2.80	2.73	2.64	2.53	2.42	2.37	2.31	2.25	2.18	2.11	2.04
22	5.79	4.38	3.78	3.44	3.22	3.05	2.93	2.84	2.76	2.70	2.60	2.50	2.39	2.33	2.27	2.21	2.14	2.08	2.00
23	5.75	4.35	3.75	3.41	3.18	3.02	2.90	2.81	2.73	2.67	2.57	2.47	2.36	2.30	2.24	2.18	2.11	2.04	1.97
24	5.72	4.32	3.72	3.38	3.15	2.99	2.87	2.78	2.70	2.64	2.54	2.44	2.33	2.27	2.21	2.15	2.08	2.01	1.94
25	5.69	4.29	3.69	3.35	3.13	2.97	2.85	2.75	2.68	2.61	2.51	2.41	2.30	2.24	2.18	2.12	2.05	1.98	1.91
26	5.66	4.27	3.67	3.33	3.10	2.94	2.82	2.73	2.65	2.59	2.49	2.39	2.28	2.22	2.16	2.09	2.03	1.95	1.88
27	5.63	4.24	3.65	3.31	3.08	2.92	2.80	2.71	2.63	2.57	2.47	2.36	2.25	2.19	2.13	2.07	2.00	1.93	1.85
28	5.61	4.22	3.63	3.29	3.06	2.90	2.78	2.69	2.61	2.55	2.45	2.34	2.23	2.17	2.11	2.05	1.98	1.91	1.83
29	5.59	4.20	3.61	3.27	3.04	2.88	2.76	2.67	2.59	2.53	2.43	2.32	2.21	2.15	2.09	2.03	1.96	1.89	1.81
30	5.57	4.18	3.59	3.25	3.03	2.87	2.75	2.65	2.57	2.51	2.41	2.31	2.20	2.14	2.07	2.01	1.94	1.87	1.79
40	5.42	4.05	3.46	3.13	2.90	2.74	2.62	2.53	2.45	2.39	2.29	2.18	2.07	2.01	1.94	1.88	1.80	1.72	1.64
60	5.29	3.93	3.34	3.01	2.79	2.63	2.51	2.41	2.33	2.27	2.17	2.06	1.94	1.88	1.82	1.74	1.67	1.58	1.48
120	5.15	3.80	3.23	2.89	2.67	2.52	2.39	2.30	2.22	2.16	2.05	1.94	1.82	1.76	1.69	1.61	1.53	1.43	1.31
∞	5.02	3.69	3.12	2.79	2.57	2.41	2.29	2.19	2.11	2.05	1.94	1.83	1.71	1.64	1.57	1.48	1.39	1.27	1.00

$(\alpha = 0.025)$

（续表）

n_2 \ n_1	1	2	3	4	5	6	7	8	9	10	12	15	20	24	30	40	60	120	∞
								($\alpha = 0.01$)											
1	4052	5000	5403	5625	5764	5859	5928	5981	6022	6056	6106	6157	6209	6235	6261	6287	6313	6339	6366
2	98.50	99.00	99.17	99.25	99.30	99.33	99.36	99.37	99.39	99.40	99.42	99.43	99.45	99.46	99.47	99.47	99.48	99.49	99.50
3	34.12	30.82	29.46	28.71	28.24	27.91	27.67	27.49	27.35	27.23	27.05	26.87	26.69	26.60	26.50	26.41	26.32	26.22	26.13
4	21.20	18.00	16.69	15.98	15.52	15.21	14.98	14.80	14.66	14.55	14.37	14.20	14.02	13.93	13.84	13.75	13.65	13.56	13.46
5	16.26	13.27	12.06	11.39	10.97	10.67	10.46	10.29	10.16	10.05	9.89	9.72	9.55	9.47	9.38	9.29	9.20	9.11	9.02
6	13.75	10.92	9.78	9.15	8.75	8.47	8.26	8.10	7.98	7.87	7.72	7.56	7.40	7.31	7.23	7.14	7.06	6.97	6.88
7	12.25	9.55	8.45	7.85	7.46	7.19	6.99	6.84	6.72	6.62	6.47	6.31	6.16	6.07	5.99	5.91	5.82	5.74	5.65
8	11.26	8.65	7.59	7.01	6.63	6.37	6.18	6.03	5.91	5.81	5.67	5.52	5.36	5.28	5.20	5.12	5.03	4.95	4.86
9	10.56	8.02	6.99	6.42	6.06	5.80	5.61	5.47	5.35	5.26	5.11	4.96	4.81	4.73	4.65	4.57	4.48	4.40	4.31
10	10.04	7.56	6.55	5.99	5.64	5.39	5.20	5.06	4.94	4.85	4.71	4.56	4.41	4.33	4.25	4.17	4.08	4.00	3.91
11	9.65	7.21	6.22	5.67	5.32	5.07	4.89	4.74	4.63	4.54	4.40	4.25	4.10	4.02	3.94	3.86	3.78	3.69	3.60
12	9.33	6.93	5.95	5.41	5.06	4.82	4.64	4.50	4.39	4.30	4.16	4.01	3.86	3.78	3.70	3.62	3.54	3.45	3.36
13	9.07	6.70	5.74	5.21	4.86	4.62	4.44	4.30	4.19	4.10	3.96	3.82	3.66	3.59	3.51	3.43	3.34	3.25	3.17
14	8.86	6.51	5.56	5.04	4.69	4.46	4.28	4.14	4.03	3.94	3.80	3.66	3.51	3.43	3.35	3.27	3.18	3.09	3.00
15	8.68	6.36	5.42	4.89	4.56	4.32	4.14	4.00	3.89	3.80	3.67	3.52	3.37	3.29	3.21	3.13	3.05	2.96	2.87
16	8.53	6.23	5.29	4.77	4.44	4.20	4.03	3.89	3.78	3.69	3.55	3.41	3.26	3.18	3.10	3.02	2.93	2.84	2.75
17	8.40	6.11	5.18	4.67	4.34	4.10	3.93	3.79	3.68	3.59	3.46	3.31	3.16	3.08	3.00	2.92	2.83	2.75	2.65
18	8.29	6.01	5.09	4.58	4.25	4.01	3.84	3.71	3.60	3.51	3.37	3.23	3.08	3.00	2.92	2.84	2.75	2.66	2.57
19	8.18	5.93	5.01	4.50	4.17	3.94	3.77	3.63	3.52	3.43	3.30	3.15	3.00	2.92	2.84	2.76	2.67	2.58	2.49
20	8.10	5.85	4.94	4.43	4.10	3.87	3.70	3.56	3.46	3.37	3.23	3.09	2.94	2.86	2.78	2.69	2.61	2.52	2.42
21	8.02	5.78	4.87	4.37	4.04	3.81	3.64	3.51	3.40	3.31	3.17	3.03	2.88	2.80	2.72	2.64	2.55	2.46	2.36
22	7.95	5.72	4.82	4.31	3.99	3.76	3.59	3.45	3.35	3.26	3.12	2.98	2.83	2.75	2.67	2.58	2.50	2.40	2.31
23	7.88	5.66	4.76	4.26	3.94	3.71	3.54	3.41	3.30	3.21	3.07	2.93	2.78	2.70	2.62	2.54	2.45	2.35	2.26
24	7.82	5.61	4.72	4.22	3.90	3.67	3.50	3.36	3.26	3.17	3.03	2.89	2.74	2.66	2.58	2.49	2.40	2.31	2.21
25	7.77	5.57	4.68	4.18	3.85	3.63	3.46	3.32	3.22	3.13	2.99	2.85	2.70	2.62	2.54	2.45	2.36	2.27	2.17
26	7.72	5.53	4.64	4.14	3.82	3.59	3.42	3.29	3.18	3.09	2.96	2.81	2.66	2.58	2.50	2.42	2.33	2.23	2.13
27	7.68	5.49	4.60	4.11	3.78	3.56	3.39	3.26	3.15	3.06	2.93	2.78	2.63	2.55	2.47	2.38	2.29	2.20	2.10
28	7.64	5.45	4.57	4.07	3.75	3.53	3.36	3.23	3.12	3.03	2.90	2.75	2.60	2.52	2.44	2.35	2.26	2.17	2.06
29	7.60	5.42	4.54	4.04	3.73	3.50	3.33	3.20	3.09	3.00	2.87	2.73	2.57	2.49	2.41	2.33	2.23	2.14	2.03
30	7.56	5.39	4.51	4.02	3.70	3.47	3.30	3.17	3.07	2.98	2.84	2.70	2.55	2.47	2.39	2.30	2.21	2.11	2.01
40	7.31	5.18	4.31	3.83	3.51	3.29	3.12	2.99	2.89	2.80	2.66	2.52	2.37	2.29	2.20	2.11	2.02	1.92	1.80
60	7.08	4.98	4.13	3.65	3.34	3.12	2.95	2.82	2.72	2.63	2.50	2.35	2.20	2.12	2.03	1.94	1.84	1.73	1.60
120	6.85	4.79	3.95	3.48	3.17	2.96	2.79	2.66	2.56	2.47	2.34	2.19	2.03	1.95	1.86	1.76	1.66	1.53	1.38
∞	6.63	4.61	3.78	3.32	3.02	2.80	2.64	2.51	2.41	2.32	2.18	2.04	1.88	1.79	1.70	1.59	1.47	1.32	1.00